本书得到国家社科基金项目"城市社区环境治理中公民参与机制创新研究"（项目号：19BGL207）的支持

U0198687

Eco-city Governance:
Construction Evaluation and
Public Participation

生态城市治理：
建设评价与公众参与

施生旭◎著

经济管理出版社
ECONOMY & MANAGEMENT PUBLISHING HOUSE

图书在版编目（CIP）数据

生态城市治理：建设评价与公众参与/施生旭著 . —北京：经济管理出版社，2020. 12
ISBN 978 - 7 - 5096 - 7865 - 7

Ⅰ. ①生…　Ⅱ. ①施…　Ⅲ. ①生态城市—城市管理—研究—中国　Ⅳ. ①X321. 2

中国版本图书馆 CIP 数据核字（2020）第 164427 号

组稿编辑：何　蒂
责任编辑：何　蒂
责任印制：黄章平
责任校对：董杉珊

出版发行：经济管理出版社
　　　　　（北京市海淀区北蜂窝 8 号中雅大厦 A 座 11 层　100038）
网　　　址：www. E - mp. com. cn
电　　　话：（010）51915602
印　　　刷：北京虎彩文化传播有限公司
经　　　销：新华书店
开　　　本：720mm × 1000mm/16
印　　　张：13
字　　　数：213 千字
版　　　次：2020 年 12 月第 1 版　　2020 年 12 月第 1 次印刷
书　　　号：ISBN 978 - 7 - 5096 - 7865 - 7
定　　　价：78. 00 元

序　言

进入 21 世纪，全球公共部门管理的理论与实践发生了变化并呈现出新趋势，"中国之治"开辟了公共管理学发展的新道路。党的十九届四中全会通过的《中共中央关于坚持和完善中国特色社会主义制度、推进国家治理体系和治理能力现代化若干重大问题的决定》，党的十九届五中全会提出的"推动绿色发展，人与自然和谐共生"，为公共管理学与新公共治理研究提出目标、方向和任务。生态城市治理涵盖了公共管理学、政治学、社会学、生态学、统计学等诸多学科，是一个典型的跨学科研究领域。生态城市治理是国家治理的重要内容，是国家治理体系和治理能力的重要体现。生态城市治理制度体系建设是生态文明制度体系的重要组成部分，对生态城市治理进行研究具有积极的时代价值与意义。

《生态城市治理：建设评价与公众参与》是施生旭博士在其博士后研究报告的基础上增补，修订的一本学术著作。之所以选择该主题作为博士后研究的内容，主要是他在福建农林大学公共管理学院教学科研期间主持了多项生态城市治理与公共政策相关项目，进站后又获得中国博士后科学基金面上资助项目"我国生态城市发展机理及建设评价研究：福建案例研究"。在研究过程中他对生态城市治理领域有着比较深入的理解与认识，为进一步研究打下了比较扎实的基础。

近年来，国内外学者从各个角度对生态城市治理进行了较广泛的学术研究；各地政府部门在推进生态城市治理方面也进行了不断创新、改革与实践。本书基于 DPSIR 因果模型理论、复杂适应系统理论等阐述生态城市治理的公众参与价值与发展机理；从驱动力、压力、状态、影响和响应五个方面构建生态城市建设水平评价体系，对全国 34 个生态城市、福建省 9 个生态城市、闽台 18 个生态城市进行实证综合评价与纵向横向比较分析，对厦门国家级生态城市建设进行典型案例分析；在分析生态城市环境建设满意度与公众环保行为关系的基础上，构建生态城市环境治理的公众参与意愿模型，对参与影响因素进行实证分析；最后，基于新公共治理与可持续发展等理论，从制度保障、权责划分、组织培养、沟通协商、技术赋权、监督评估六个方面构建公众参与生态城市治理机制，并从政治、经济、文化、法律、社会与科技六个方面提出促进我国生态城市治理的路径与策略。

本书从理论和实践层面对生态城市治理研究进行了积极的探索，为推进新时代我国生态城市治理的变革与完善提供了有益的启示。期待施生旭博士在未来的教学科研中，秉承一贯的努力上进的精神和对学术研究的热爱，在生态城市治理与公共政策领域产出更多更好的成果，并把研究成果积极应用到我国生态城市治理的改革实践中。

厦门大学公共政策研究院院长、教授　陈振明

摘　要

　　城市是一个国家或地区政治、经济、文化等的中心，是公众生活与生产高度聚集的场所，城市的发展与公众息息相关。改革开放 40 多年来，城镇化进程加快，城市经济快速发展，取得了显著的成绩，但也出现了空气污染、水污染、噪声污染、交通拥挤等城市生态环境问题，严重危害了公众的身体健康和获得感、幸福感、安全感，也阻碍了城市可持续发展。国家高度重视生态城市治理，先后出台了一系列重大决策部署与政策，以推动生态城市治理。党的十八大提出"五位一体"建设战略目标；党的十九大提出"加快生态文明体制改革，建设美丽中国"。2015 年 12 月，习近平总书记在中央城市工作会议上指出，要强调坚持以"创新、协调、绿色、开放、共享"为发展理念，转变城市发展方式，完善城市治理体系，提高城市治理能力。党的十九届四中全会提出"坚持和完善生态文明制度体系，促进人与自然和谐共生"；党的十九届五中全会提出"推动绿色发展，人与自然和谐共生"。随着我国经济社会发展和城镇化进程的推进，越来越多的人将生活在城镇中，加强生态城市治理、解决新型城镇化建设存在的问题、完善生态城市治理制度体系，具有十分重要的意义。今后 10～20 年是我国城市化高速发展的阶段，生态城市治理是一项复杂的系统工程，如何实现生态城市环境与经济社会等协调统一发展，成为当前生态城市治理面临的一个重大理论和实际问题。

　　因此，本书基于新公共治理理论、公众参与理论与可持续发展理论等，通过问卷调查与访谈相结合法、综合评价方法、跨学科研究方法、比较研究法与案例研究法等多种研究方法，对生态城市治理进行发展机理、评价与公众参与研究等。主要内容有：第一，在阐述生态城市治理多方参与的必要性的基础上，分别从 DPSIR 模型理论、复杂适应系统理论等阐述生态城市治理发展机理，为生态城市建设评价与公众参与提供理论基础。第二，从因果角度出发，引入 DPSIR 模型来分析生态城市建设水平研究问题，从驱动力、压力、状态、影响和响应五方面确定二级指标以及 21 个三级指标，构建生态城市建设水平评价体系。第三，对全国 34 个生态城市建设水平进行综合评价与区域差异分析，并以国家级生态文明实验区（福建）为例，对福建省各地生态城市建设水平进行纵向与横向比较分析，对厦门国家级生态城市建设进行典型案例分析；并对闽台两地 18 个生态城市建设情况进行比较分析。第四，基于 CGSS 2013 年的数据，以城市公众作为总体样本，引入公众对政府生态城市环保建设满意度、环保知识两个因素对公众环保行为的影响进行分析，探讨生态城市环境建设满意度与公众环保行为关系。第五，基于解构的计划行为理论，以福建省厦门、福州、泉州三个生态城市的 1573 份调查数据为例，在生态城市治理满意度调查基础上，构建公众参与生态城市治理意愿模型，对公众参与意愿影响因素进行实证分析。第六，从公众参与主体的必要性出发，基于新公共治理理论，从政府、非政府组织、企业和公众个人路径出发，在制度保障、权责划分、组织培养、沟通协商、技术赋权、监督评估等方面构建公众参与生态城市治理机制，并提出促进我国生态城市治理的策略。

新时期，我国生态城市治理可以从政治、经济、文化、法律、社会、科技等方面着手，把绿色发展理念融入生态城市治理中，以高质量发展促进生态城市人与自然和谐共生，不断提升生态城市治理成效，建设美丽城市、美丽中国。

关键词：生态城市治理；评价体系；新公共治理；公众参与；机制

目　录

第一章 导论：追寻生态城市时代的生态城市治理

第一节 研究价值及意义

一、选题背景

城市是一个国家或地区政治、经济、文化、科技和教育等的中心，城市发展离不开每位公众的贡献，城市公众是城市发展的建设者与受益者。改革开放 40 多年来，城市经济快速发展，城镇化进程加快，但也出现了一些生态不和谐的现象，如空气污染、水污染、噪声污染、交通拥挤等，严重危害了公众的身体健康和获得感、幸福感、安全感，也阻碍了城市可持续发展。为了更好地促进城市可持续性发展，生态城市治理引起政府及学者的高度重视。

党的十七大以来，党中央、国务院把生态环境保护摆在更加重要的战略位置，提出生态文明建设战略，把环境保护纳入重大民生问题，积极探索环境保护新道路等，推动我国城市生态环境保护从认识到具体治理实践都发生了重要变化。党的十八大报告提出"五位一体"建设战略目标，即生态文明建设与经济、政治、社会、文化建设协同发展，强调中国各方面各领域建设过程中不再单方面地追求经济社会等发展，要实现生态建设与经济社会等建设协调发展，最终实现美丽中国建设。党的十八届三中全会提出，建立系统完整的生态文明制度体系是实现生态文明有效建设的基础；党的十八届五中全会首次将加强生态文明建设纳入"十三五"规划。2015 年 12 月，习近平总书记在中央城市工作会议上发表重要讲话，强调"完善城市治理体系，提高城市治理能力，着力解决城市病等突出问题，不断提升城市环境质量"。2016 年 2 月，习近平总书记对深入推进新型城镇化建设再次做出重要指示，强调坚持以"创新、协调、绿色、开放、共享"新发展理念为引领，促进中国特色新型城镇化持续健康发展，提出"四个注重"的工作要求，强调"中国特色新型城镇化持续健康发展"。党的十九大报告提出"加快生态文明体制改革，建设美丽中国"，党的十九届四中全会对"坚持和完善生态文明制度体系，促进人与自然和谐共生"作出系统安排，党的十九届五中全会提出"推动绿色发展，促进人与自然和谐共生"。树立绿色发展理念，改革与完善生态环境监管机制体制，加强生态系统的构建与保护，有效解决各类环境问题等。

近年来，治理理论在公共管理学科理论探讨与现实实践得到广泛应用。治理理论是公共部门与非公共部门等多个主体为实现公共利益与价值的行为过程，强调多个主体在公共事务的共同管理中的合作与协调，是新公共治理发展的趋势与产物。从党的十八届三中全会提出"构建国家治理体系现代化建设"，到党的十九届四中全会提出"坚持和完善生态文明制度体系，促进人与自然和谐共生"，再到党的十九届五中全会提出"促进经济社会发展全面绿色转型"。生态城市建设是一个复杂系统工程，如何实现城市生态环境与经济社会发展的协调统一，成为当前生态城市治理面临的一个重大理论和实际问题。党的十九届四中全会提出"坚持和完善中国特色社会主义制度、推进国家治理体系和治理能力现代化"目标，生态城市治理制度体系建设是生态文明制度体系重要的组成部分。生态城市治理是国家治理的重要内容，生态城市治理的最终落脚点在于"生态治理"。对生态城市建设水平体系构建及评价，以及对公众参与生态城市治理等成为国家治理体系与治理能力现代化建设的重要组成部分。

二、选题目的

最早，学者们关于生态城市建设的研究主要集中于宏观整体上的分析，从政策制定、制度保障、政府管理职能角度提出城市生态建设的发展意见，或是从社会现状、经济发展、生态环境等角度分析城市生态化建设的影响因素，没有结合发展实际阐述"生态城市"具体概念与内涵。生态文明建设战略理念提出后，生态城市概念得以系统化，学者们开始从宏观、微观及二者结合视角研究如何进行生态城市建设。近年来，生态城市建设取得了显著的成就，学者们构建评价指标体系对生态城市建设水平进行评价分析，但是其评价指标体系主要是基于主观概念来设计，缺乏统一规范，各城市间经济基础、社会环境的差异性使生态城市建设水平难以统一比较，整体建设水平难以测量。同时，虽然学者们普遍认同公众参与生态城市建设的观点，但对公众如何主动参与、公众参与的途径与形式、影响其参与生态城市建设行为的主客观因素研究都处于起步状态，成果较少。本书基于新公共治理、公众参与、可持续发展等相关理论，从因果关系出发，基于DPSIR 模型构建生态城市建设评价体系，对全国各地区进行综合评价与比较分析，提出促进生态城市建设对策建议。同时，还立足于"公众"行为视角，基于 DTPB 模型对生态城市建设中的公众参与意愿与影响因素进行分析，构建公众参与机制和多方面提出相应的对策建议等，为生态城市建设相关部门提供数据与政策依据，以此促进生态城市可持续健康发展与美丽城市建设。

三、选题意义

1. 理论意义

纵观历史，各国在生态城市建设模式选取上有所不同，其中以美国的"绿色政治"、欧洲的"新能源计划"为代表。虽然建设主体与治理方式均不同，但最终目的都是实现美丽城市的建设与生态型城市的建成。过去的一段时间，我国城市生态建设主要以政府为主，采取传统的管理模式来开展城市生态规划与建设，较少地发动公众开展生态治理。生态城市建设中，政府起到核心领导和组织角色，有效发动公众积极参与融入生态城市建设各个环节领域。

与传统的政府管理型观念不同，以市场为导向的经济体制改革促使现代化治理模式出现，传统的城市管理型转向由政府、非政府、营利组织及个体公众共同参与城市治理模式。政府的宣传与引导可以影响企业、非政府组织、营利组织的价值观，从而影响其行为意识与参与行为。生态城市建设是波动式前进、螺旋式上升的发展过程，建设目标除实现城市生态效益与社会效益最大化外，带动公众参与生态城市治理也十分重要，它决定着生态城市建设的可持续性与生态文明的最终实现。公众是社会基本的组成单位，既是城市建设者也是城市建设中的利益关联者，改革初期的公众参与主要是民主政治参与，其包括参与决策、参与选举、参与监督等，而公众参与生态城市建设是将公众参与行为从政治参与扩展至社会参与，广义上来说，公众参与生态城市治理是在政府的正确引导下，配合参与行为，狭义来看，公众自发性组织、公众从自身行为做起也是参与的形式之一。公众是权利与义务的主体，是权利与义务的有机统一体。其权利是公众享有生态城市建设的产物，履行生态城市建设者的权利；其义务是履行公众参与生态城市构建责任，履行公众作为生态城市建设者的义务。公众的范围不仅包括个体公众，也涵盖企业、非政府组织、营利组织等多个维度。公众参与的实质就是政府如何权衡好利益相关者、如何提升个体公众的社会责任意识、如何构建多途径参与方式，通过新型公共管理模式，实现生态城市建设的高质量与高效益化。本研究依据生态城市建设需要，通过新公共治理理论、公众参与理论、可持续发展理论等相关理论，研究政府与公众双方在生态城市建设中发挥的作用，和在生态城市建设过程中各自应尽的权利义务，以期能够深化生态城市治理相关理论。

2. 现实意义

近年来，我国十分重视生态文明建设，党的十八大将生态文明建设放在突出地位；党的十八届四中全会强调了公众在生态参与治理中的地位；党的十九大提出加快生态文明体制改革，强调要构建政府为主导、企业为主体、社会组织和公众等共同参与的环境治理体系。随着生态文明建设的日益深入，城市现代化建设进程的加快，构建一个科学合理的生态城市建设评价体系对生态城市建设成效进行评价，以及对公众参与生态城市治理意愿的影响因素进行分析，为生态城市治理提供公共政策具有积极的现实意义。

因此，本书基于 DPSIR 模型构建生态城市建设评价体系，对 34 个生态城市建设水平进行评价，横向对比分析各生态城市建设水平与地方政府治理模式的差异性，纵向比较分析影响生态城市建设的具体因子；宏观分析政府、非政府组织、营利企业等主体参与建设的现状及趋势，微观分析个体公众参与生态城市建设的能力及约束条件，并为生态城市治理提供政策建议，促进生态城市的持续性发展。

第二节 生态城市建设文献的研究问题挖掘

一、国外研究现状综述

1. 关于生态型城市内涵的研究综述

19世纪初期，"生态城市"的概念研究迅速兴起，但其相关理论源远流长，包括城市生态系统论、生态型城市、可持续性城市等。生态城市理论思想起源于Edward Howard的田园城市理论，即城市与自然生态的和平共处，雏形出现于欧洲城市和美国西南部印第安人村庄。Howard于1903年在英国设计了Letchworth田园小镇，至今该镇仍然是人居环境较好的城镇之一。但是随着半世纪的工业化发展，巨大的工业污染加重了城市环境的负担，破坏了城市生态系统。1972年联合国人类环境宣言明确提出"人类的定居和城市化工作必须加以规划协调，避免人类活动对环境的不良影响"。1970年，生态实验型城市开始出现，Register成立了一个以"重建城市与自然的平衡"为宗旨的非营利性组织。自此以后，该组织举办参与了一系列的生态建设活动，并产生了国际性巨大反响。同期，国际上城市生态系统的研究得到蓬勃发展，生态城市的内涵不断丰富。Register提出"城市生态"概念，除此之外，还有许多人对生态城市基本概念贡献了关键性的思想，如I. McHarg的生态设计理念与Paolo Soleri的仿生城市理念，学者对城市生态系统作了更直接的阐述，提出实现森林、海洋、生物生态系统的良性循环。除了理论研究外，实践性研究也相得益彰，如欧洲绿色组织对生态城市政治结构的设计、环保组织的城市环境建设运动等。1984年，O. Yanitsky正式提出生态城市概念，认为生态城市是一种理想城市模式，其中技术与自然充分融合，人的创造力和生产力得到最大限度的保护，物质、能量、信息高速利用，生态良性循环。Diemer总结了前人的观点并从系统论的角度指出，生态城市是由一系列复杂的子系统组成，它们之间的关系取决于相互间的依赖程度，其间包括工业化进程需以牺牲环境为代价。Damania发现经济短期增长与环境状况之间有难以调和的关系，但是从长久来看，城市生态环境的稳定有助于城市的可持续性发展。

2. 关于生态城市发展趋势的研究综述

1990 年，在 ICLEI 会议中，"可持续型"城市取代了"生态型"城市的提法，随后欧洲的《城市环境绿皮书》进一步阐述了可持续型城市的概念，1992 年里约宣言正式提出，为了使城市实现持续性发展，环境保护应成为发展进程中的一个组成部分，不能孤立于发展进程来看待。Bennet A 指出相比传统的管理型生态系统，构建服务型城市生态系统更有助于生态的稳定与城市的可持续发展。学者们研究生态系统要素间的关系时发现，人类的活动会影响城市发展的状态与模式，人与自然的关系问题得到了重新认识和反思。Sert 提出了环境破坏的后果，其主导因素是汽车的大量使用。Norio 认为城市建设中，人的责任感尤为重要，人们应维护生态系统而不是将生态价值转变为商业价值。Moura Quayle 认同个人价值观在生态城市建设中的重要性。1996 年，Register 进一步完善了生态型城市的建设原则，从最初的土地建设、交通发展等基础设施上升至社会公平、法律制度、政策支持、公众意识等多层面。P. F. Dowton 认为生态城市系统不仅是自然系统与社会系统的相互关系，同时也是人与自然系统、社会系统的相互关系，城市中每个人都应参与建设与管理。Kline S 进一步指出一个典型的生态城市除了人与自然生态相融合外，经济安全、人们生活质量高且政府能够负责也十分重要。Stephanie Pincet 则从生态服务、城市代谢过程、生态型政治模式三个方面进行了细致的分析，引导人们了解如何将环境卫生城市建设成未来真正的可持续城市，人类的重要地位是持续性递增的过程。

3. 关于生态城市评价体系构建的研究综述

20 世纪 90 年代后，学者们为了更为系统、直观地研究可持续城市建设的成效与不足，不断提出可持续城市建设评价体系。如里斯的生态足迹可持续发展指标体系、环境可持续指数等；Simon Joss 认为指标体系应从尺度、领域与政策支持角度考虑；Andy Scerri 认为指标构建需要考虑居民的接受与参与性；A. Kaklauskas 构建 IQL 评价指标体系分析城市的可持续发展对居民生活的影响；Wafaa Baabou 认为评价生态型城市建设状况需找出其具体影响因素，构建评价指标体系尤为关键。随着生态型城市发展状况的日趋良好、生态型城市建设理念的日趋成熟，越来越多的国家或地区开展生态型城市的建设与探索，如哥本哈根、斯德哥尔摩、林顿、罗马、哥伦布、新西兰等地，且上述城市在建设过程中取得了显著的成效，并成为其他国家建设的典型范例。

二、国内研究现状综述

1. 关于生态城市建设概况的研究综述

"城市"一词最早见于《韩非子·爱臣》中："是故大臣之禄虽大，不得藉威城市。"在古代中，"城"是指用城墙围绕起来的区域，"市"是指一定区域里进行的经济社会等活动。因此，所谓的城市含义由"城"与"市"组合而成，体现了城市的结构与功能。城市作为国家的行政管理单元，是一个地区经济社会文化等活动的主要集聚地，不同学者对城市的理解具有不同的解释，如地理学范畴指的是区域与建筑等外在形象特征，社会学范畴指的是区域文化融合与沉淀，经济学范畴指的是区域经济财物的集聚与运行机制，人口学范畴指的是人口聚集地，等等。新时期，中国新型城镇化建设的进程，虽然不断模糊城市与乡村的边界，但是城市由多种要素、多个子系统相互作用的复杂系统一直是其特征。城市是国家经济与社会发展的核心，是一个国家或地区社会文明程度与经济发展水平的重要标志。随着我国新型城镇化进程的加快，经济社会发展与生态环境之间的矛盾亟待解决，科学适度开发利用生态资源，建设和谐可持续发展的生态城市已成为城市发展的共识。如前文所述，生态城市体现了经济、政治、文化、社会、自然复合生态系统，根据生态学原理、可持续发展理论等，建设生态城市是使经济更加可持续发展、政治更加生态、文化更加繁荣、社会更加和谐、环境更加优美、城市更加智慧、人民生活更加幸福的人类住区。

"生态文明"一词最早概括于马克思对共产主义的阐述，马克思认为"共产主义的最终实现需先解决人与自然界之间的矛盾问题"。具体而言，生态文明是人与自然共同获利、共同进步的发展状态，叶谦吉曾阐述过自然界与人类社会之间有着不可分割的发展关系。从社会主义生态文明观来看，生态文明是社会主义文明发展的必然过程，它既是国家现代化的产物，也是现代社会文明体系的基础。曹新等认为生态文明建设能有效推动国家政治、经济、文化、自然的可持续性发展。就当前我国经济发展弊端而言，生态文明建设是实现新型工业化转型的必然选择，是有效解决当前资源、环境稀缺问题的重要战略举措。

生态城市的最初概念是以反对环境污染、追求良好的自然环境为起点。随着经济社会的不断发展，生态城市概念也在不断地完善与扩充。我国对生态城市建设的研究起步较晚，1984 年 12 月在上海举行首届全国城市生态科学讨论会，迈出了我国生态城市建设的步伐；1990 年已经形成了一套以"社会—经济—自然"复合生态系统为指导的建设理论与方法体系；1995 年以来生态省市、县等示范区、示范点建设推动了生态城市建设，生态文明国家战略理念推动了生态城市的迅速发展，厦门、深圳等地提出建设生态城市。2008 年后，尤其是党的十八大报告对"生态文明"给予了高度重视，既包括对其性质的界定，也包括生态文明建设与经济、政治、文化、社会建设诸方面协同发展关系等，促使生态城市建设发展。党的十八届三中全会提出构建国家治理体系现代化建设，生态城市治理是其重要的内容与组成部分。党的十九大报告确立了生态城市建设的主体地位，现代化治理、公众参与城市治理等都是实现生态文明建设的重要举措，并提出加快生态文明建设制度改革。近年来，随着新型城镇化进程的推进，更多学者认为生态是新型城镇化建设的落脚点，生态化建设是新型城镇化建设的重要举措，而生态城市建设是我国未来新型城镇化建设的重要方向。沈清基认为新型城镇化是生态文明建设的路径之一。2013 年底的中央经济工作会议明确了"把生态文明理念和原则全面融入城镇化建设全过程，走生态型的新型城镇化道路"；2015 年底召开的全国城市工作会议，指出"创新、协调、绿色、开发与共享"是未来生态城市发展的理念，强调转变城市发展方式，不断提升城市环境质量，提高城市发展持续性与宜居性。党的十九大以来，多次强调城市生态文明建设的重要性，提出生态文明制度体系的建设与完善，不断推动绿色发展。

2. 关于生态城市建设发展路径的研究综述

生态城市是一个由经济、社会、文化、生物与物理等环节组成的复杂生态系统，具有城市经济生态、社会生态、人文生态与自然生态等一系列承载力要求，其建设工程中就是充分考虑制度规则、体制政策、技术手段、信息资源等一系列要素来解决相应的问题，最终实现生态城市可持续发展（王胜本）。生态城市建设需要政府高度重视，采取党委领导下的多部门协商协同治理，依托城市的自然环境禀赋，顶层设计生态城市发展路径（刘佳坤、吝涛等）。生态城市建设是一个复杂的工程，不仅是政府的事务，更需要其他参与者融入。生态城市建设不仅赋予了政府主体的公共责任，也赋予了非政府部门主体的参与权限、能动性与空间。与传统的城市建设相比，非政府部门主体参与生态城市建设，要提高其参与的效率与效益，选择更多的参与渠道与途径，为社会民主提供更多更好的公共产品或服务。因此，基于公共治理理论，生态城市建设需要政府权力主体与非权力主体的非政府组织、企业、媒体与个体公众等多元主体之间协作，构建一个多主体共同参与的模式则是实现生态城市建设的主旨（吴胜等）。陈振明在《中国公共管理理论研究的重点领域和主题》一文中，从"政府管理"的途径、"公众社会"的途径、"合作网络"的途径三种途径来研究公共管理的治理理论体系，同样，生态城市建设也有多种途径，主要包括政府行政管理途径、公众参与途径、公私伙伴关系型参与途径。生态城市建设成功的关键是公众、社会、政府三者的有效融合，公众的参与进一步地推进了生态城市建设（周长城）。韩少秀针对我国当前城市建设中的问题，提出生态城市建设应加强公众的参与性，赵宇峰进一步指出城市建设创新的关键在于共同体的构建。

国内学者对生态城市建设提出很多建设性的思路。如赵国杰、杨伟民认为开展城镇化建设要融入生态文明理念与原则，增强生态产品生产能力，调整空间结构；关海玲与蔺雪春提出城市建设走低碳生态与绿色发展路径；杨继学认为在城镇化规划和建设上得顾及经济效益、生态效益和社会效益的统一，推进绿色城镇化，打造生态城市建设；何福平提出转变经济发展模式，改变以往为增长而增长的发展模式。另外，相关学者对生态城市的现实意义、行业与地区案例分析、对策措施等一系列问题进行了深入研究，取得了较为丰富的研究成果。束洪福认为生态城市建设从生态系统角度出发，生态城市建设对城市的经济发展有着良性循环的促进作用。李春海强调城镇化建设需要把生态理念作为指导精神，把城市建设与生态建设协调起来。余建辉以福建省生态文明实验区为对象，基于斜坡球体论，提出绿色技术创新对福建省生态城市建设的作用和构建生态城市建设驱动机制。张首先认为建设生态城市需要增强生态责任，促进公众生态行为的养成等。

3. 关于生态城市建设评价体系构建的研究综述

为了促进生态城市建设，一些学者构建了生态城市建设评价指标体系，蓝庆新、李建中、白杨、朱玉林、杜宇等学者分别通过不同角度设计城市发展监测体系、可持续发展能力评估指标体系、生态现代化指数等指标体系。其中，北京林业大学生态文明研究中心在对中国各个省份生态文明建设数据收集与整理的基础上，基于综合评价方法进行定量分析与评价，发布中国省域生态文明建设评价报告。除此之外，相应的学者也分别从不同角度进行各省市生态文明建设或环境质量评价分析，如基于生态效率角度测算生态文明建设水平，基于经济、生活、生态、大气、噪声、土壤等角度构建评价体系对各地区环境质量评价。在实践方面，中国一些具有代表性城市，如上海市、深圳市、厦门市、长沙市等城市也陆续从不同角度构建城市生态文明建设评价体系，并发布了评价报告，有利于促进生态城市建设。严耕等在改进和完善ECC2010的基础上提出了中国省域生态文明建设评价指标体系（ECC2013），从生态活力、环境质量、社会发展、协调程度四个维度，基于2001~2011年数据测算各省生态文明指数（ECI）和绿色生态文明指数（CECI），总结各省生态文明建设的均衡发展型、社会发达型、生态优势型等六大类等。蔡书凯根据生态城市基本特征选取了资源节约、环境保护、生态状况三个维度构建指标体系，分析发现西部地区生态恶化严重，中部地区发展较好，但整体面临资源稀缺、生态系统退化等问题。陈玲玲改进了生态位模型，构建了生态城市评价体系，分析结果显示，南京作为中部经济发展较好的城市之一，生态建设水平不高。易平涛与李雪结合DPSIR模型，从经济水平、环境问题、社会问题、城市现状以及政府控制等方面给出了构建生态城市指标体系的逻辑框架。徐丽婷与陈爽等基于高质量发展视角，从经济发展、生态环境保护和社会文明进步三方面构建生态城市评价体系，并对长江三角洲城市群进行评价分析。周利敏与姬磊磊从生态产业转型、绿色生活、生态伦理、生态科技、生态立法与生态教育六个维度构建生态城市雾霾治理政策框架。罗艺、杨宏山等认为我国生态城市建设面临治理模式滞后、管理方式不当等问题，实现治理创新是生态城市建设的关键。

三、文献述评

新时期，随着中国生态文明建设的深入，美丽中国与美丽城市观念深入人心，生态城市建设在前期的城市生态文明、花园城市、低碳城市、循环城市、绿色城市的基础上有了更多的内涵与外延。同时，随着国家治理体系现代化的构建与发展，越来越多学者认为生态城市建设不仅是政府部门的职能职责，更要在政府主导的情况下发挥非政府部门等各个主体的参与与监督。目前，学者主要对城市生态文明建设评价指标进行研究，大部分学者都是基于主观角度构建评价体系，其评价体系存在参差不齐、缺乏统一规范等问题，很少通过因果系统关系角度出发来构建评价体系。本书基于新公共治理理论与可持续发展理论等，从因果系统出发，基于 DPSIR 模型构建生态城市建设评价体系，对生态城市建设进行综合评价分析与区域差异比较分析，在此基础上提出相应的对策建议，具有重要性与必要性。在此基础上，从组织行为角度出发，基于解构的计划行为理论构建公众参与生态城市治理意愿影响因素，以国家生态文明建设实验区（福建省）的生态城市为调查对象，来分析生态城市治理中公众参与的意愿及影响因素，从而构建公众参与机制与提出相应对策建议，以此促进生态城市治理。

第三节　我国生态城市建设问题的研究主题提炼

城市标志着一个国家或地区的经济社会发展水平与现代文明程度。随着我国新型城镇化进程的推进，生态环境问题与资源开发过度问题亟须解决。因此，建立经济、社会、自然协调共生的新型社会关系，提高城市可持续发展能力俨然是新型城镇化进程的必要举措。随着生态城市建设的迅速发展，立足生态城市建设发展的相关研究也与日俱增。识别生态城市理论基础及研究体系，辨析生态城市研究的起源与演绎脉络，探究生态城市研究的前沿热点及未来发展态势，有助于把握当前中国生态城市研究现状及建设进程、探索生态文明背景下生态城市发展新模式，为深入研究生态城市建设机理及开拓新的研究方向提供理论参考与借鉴。

本书基于 1998～2016 年 CSSCI 核心数据库中的文献源，运用文献数据可视化的应用软件 Cite Space，结合图形学、信息科学等学科理论与计量学引文、共线分析等研究方法，以信息化图谱方式构建中国生态城市研究现状与发展脉络。立足于多元时空的动态视角，对生态城市相关研究文献进行图谱分析，对生态城市研究的学科基础、研究核心及研究热点前沿等进行归纳，阐述生态城市研究的演化路径与发展态势。

一、数据来源与总体情况分析

随着信息技术的不断发展与创新，大数据分析软件被广泛应用至学科研究领域。常见的数据分析软件有 Hist Site（文献索引分析）、Paper Lens（数据关系挖掘）、Net Draw（社会网络分析）与 Ucinet（可视化工具）等。而 Cite Space 可视化计量分析软件结合了社会网络分析、关联规则分析、聚类分析等方法，侧重于探析学科研究的主题演变趋势，研究前沿热点与其相关理论之间的关系，以及不同时期研究热点之间的内在联系。国内外诸多学者运用 Cite Space 软件针对学科研究前沿文献进行归纳分析，如 Synnestvedt M B 用于研究医学信息学领域发展进程、黄新华对国内公共政策研究进行图谱分析等。本书选取生态城市科学文献为研究对象，基于 Cite Space Ⅲ 计量分析软件对其进行挖掘，对生态城市研究领域的知识基础、前沿热点、演化路径、发展态势等进行归纳与分析，为学者研究提供借鉴与思考。

研究以中文社会科学引文索引（CSSCI）（1998～2016 年）为数据源，选取关键词"生态城市"，总计检索文献 367 篇，去除 1932 条自引文献。对文献数据进行统计分析，发表文献数量与被引文献数量如图 1-1、图 1-2 所示，学科分类分析如表 1-1 所示，文献来源期刊统计分析如图 1-3 所示。

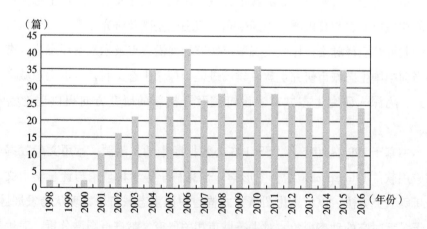

图 1-1 发表文献数量

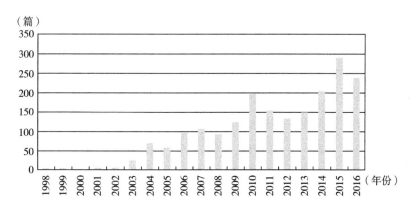

图 1-2　被引文献数量

表 1-1　生态城市文献学科分类

学科类别	文献比例（%）
环境科学 Environment Science	38.77
经济学 Economic Science	40.18
法学 Legal Science	8.03
政治学 Political Science	3.31
民族学 Nation Science	2.83
管理学 Management Science	2.36
社会学 Social Science	0.94
哲学 Philosophy Science	0.94

资料来源：作者整理。

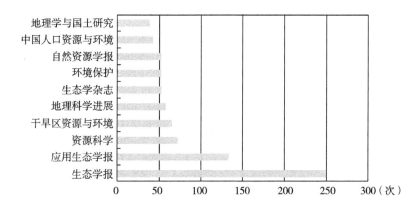

图 1-3　前十位被引文献来源统计

由图 1-1、图 1-2 可知，生态城市研究发表文献和被引文献数量在 1998~2016 年呈波动式上升，研究热度持续上升，反映了生态城市研究成为近 20 年间学者持续关注的对象与热点。1998~2004 年生态城市研究文献发表量及被引量均呈现快速上升态势，2005~2016 年生态城市出版文献数量几乎每三年出现一次小高峰，整体上保持稳中前进的发展态势。被引文献数量于 2003 年后增幅明显，2010~2015 年呈现一个抛物线，2011~2013 年处于低潮期，体现生态城市研究进入发展瓶颈期，2013 年党的十八大提出"五位一体"，生态城市建设是生态文明建设的重要途径。2014~2016 年生态城市研究的引文数量达到最高峰，可见政策引导下生态城市研究复苏，并再次成为研究热点。由表 1-2 可知，整体期刊呈现出较低的中心度，城市规划和工程设计 CAD 与智能建筑相较其他期刊中心度较高，分别为 0.26 与 0.24；其中作者黄肇义与仇保兴被引频次均为 13，黄肇义于 2001 年对国内外生态城市建设现状进行综述，仇保兴指出绿色建筑与低碳生态城市是中国特殊生态城市建设的关键；而黄肇义研究论文中心度为 0.26，对生态城市研究更为接近其他学者的研究节点。

表 1-2　生态城市研究期刊共现

年份	作者	频次	中心度	来源期刊
2001	黄肇义	13	0.26	城市规划
2009	仇保兴	13	0.03	城市发展研究
1999	宋永昌	9	0.15	城市环境与城市生态
2006	侯爱敏	6	0.11	城市发展研究
2002	金磊	4	0.24	工程设计 CAD 与智能建筑
2007	孙磊	2	0.02	环境科学研究
2009	尹科	2	0.01	环境科学与技术
2001	冯端翔	2	0.12	绿化与生活

资料来源：作者整理。

生态城市研究是一个复杂学科，并受到多学科的广泛关注，如表 1-1 所示，生态城市研究主要集中于环境科学（38.77%）、经济学（40.2%）、法学（8.03%）等领域；如图 1-3 所示，排名前十位的被引期刊来源主要为生态资源、环境保护等主题期刊，其中生态学报与应用生态学报占比最大，其次为资源科学、干旱区资源与环境等。该结果反映了生态城市研究成果的代表性文献主要集中于生态资源、环境保护等相关研究层面；社会学与行政学等刊物对其重视程度甚小。近年来，伴随国家对生态文明与新型城镇化建设的日益重视，生态城市研究范围相应拓宽。城市的复杂系统性决定了生态城市建设需立足多维度进行综合研究，包括生态、经济、社会等各个维度。从系统工程理论视角来看，生态城市外部框架建构是城市内部要素有序发展的前提，生态城市建设离不开技术支撑与制度保障，生态城市中的物质循环再生保证了生态城市发展的稳定性，其中产业布局、环境治理、维护运行等均是生态城市建设中的重要组成部分。

二、生态城市研究的文献计量分析

1. 关键词聚类分析

关键词发生频率反映出一段时间研究主题的前沿热点及整个关键词在共现网络中的核心力度，即关键词中心度（如图1-4所示）。总体看，中国生态城市研究网络较为集中，研究延展性较差。图谱中关键词节点之间可互作解释。生态城市研究共被引网络聚类清晰，本书将生态城市研究领域划分为微循环、生态经济、生态城市建设、低碳生态城市、城市规划及生态城市规划六个聚类群组（如表1-3所示），且彼此间具有较高的关联度。

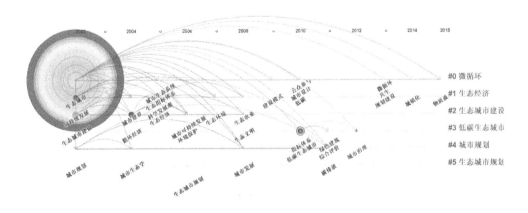

图1-4 生态城市文献共被引网络分析

#C0 聚类：中国生态城市研究范畴中最早形成的聚类群组——生态安全开端研究。"微循环"群组被引用时间为 1998～2016 年，相关文献数量较少，中心度较低，与其他文献聚类节点的连接少，多呈现直线状态分布。微循环指微观要素与周围环境不断进行物质、能量、信息的传递活动。通过原文献发现，该群组的研究涉及城市中交通微循环、道路、资源微循环等。可见，早期有关微循环研究来自自然界循环、高效利用自然资源和能源的内在机制，起步于城市中微要素循环再生。#C1 聚类："生态经济"群组初次被引时间约为 1998～2000 年，整体上看，时间连线跨度较短且稀疏。生态经济研究多基于生态足迹模型，通过构建指标体系评价测算地区的生态经济可持续发展水平及生态建设对经济发展的作用力。在研究体系构建上，提出区域生态经济发展持续性评估、生态经济系统的能值分析、生态经济发展模式等。循环经济、生态指标体系与城市生态系统是该聚类群组中的关键节点文献。#C2 聚类："生态城市建设"群组被引用时间为 2001～2016 年。图谱分析显示，"生态城市建设"聚类团中节点数目较多，阶段性明显，其包括循环经济、生态文明、环境保护、城市可持续发展与科学发展观。侯爱敏认为生态城市建设过程中需明确目标体系、具体的项目及突出的重点领域，实现生态建设与城市建设的一体化推进；其他学者认为从人口、生态环境、经济与社会四大维度构建指标体系有助于评价生态城市建设成效。综合研究文献成果，评价指标体系构建及实证分析是生态城市研究重要的研究方向。#C3 聚类：从"低碳生态城市"的角度探索与论证生态城市发展理论、方法与模式，在整体研究中起到承前启后作用。从城市发展历史和当前资源环境形势来看，低碳生态城市是我国城市发展模式转型目标的必然性。沈清基认为低碳生态城市需更加注重自然经济社会复合生态系统的协调发展；赵国杰基于复合生态系统协调思想，建构了自然生态、经济低碳、社会幸福三维低碳生态城市发展空间结构模型，并依此建立了包含生态指数、低碳指数、幸福指数三维目标的多层指标体系。从学者们对低碳生态城市研究结果可知，相关概念与预测评价是低碳生态城市建设的热点。#C4 聚类："城市规划"首次被引时间是 2002～2010 年。关键节点文章按时间序列依次展开。其研究主要是从城市生态学、城市生态规划、城市发展碳排放等节点发散。#C5 聚类："生态城市规划"是#C4 城市规划的分支，处于图谱的外缘位置（其首次被引时间是 2006～2010 年），其关键节点文献从城

市规划转型转为生态城市规划，该聚类是生态城市实践应用。研究方法主要选取具体地区，研究范畴包括人口预测、资源规划、环境保护、生态建设等。从广义来看，生态城市规划包括生态产业功能、经济功能、社会功能等多类功能的全面生态化，既侧重于外部框架的构建，同时注重内部要素的预测与评价，包括未来人口规模预测、环境变化预测等。

表 1-3　生态城市研究文献共被引网络中节点文献信息表

第一作者	年份	文章名称	发表期刊
#0		微循环	被引时间：1998～2016 年
仇保兴	1998	重建城市微循环——一个即将发生的大趋势	城市发展研究
刘望保	2009	国内外城市交通微循环和支路网的研究进展和展望	规划师
邓一凌	2012	历史城区微循环路网分层规划方法研究	城市规划学刊
#1		生态经济	被引时间：1998～2016 年
欧阳志云	1999	生态系统服务功能及其生态经济价值评价	应用生态学报
严茂超	1998	西藏生态经济系统的能值分析与可持续发展研究	自然资源学报
李海涛	1999	新疆生态经济系统的能值分析及其可持续性评估	地理学报
陈源泉	2007	基于生态经济学理论与方法的生态补偿量化研究	系统工程与理论
董锁成	2003	西部生态经济的发展模式研究	中国软科学
杨振	2005	基于生态足迹模型的区域生态经济发展持续性评估	经济地理
杨德伟	2006	基于能值分析的四川省生态经济系统可持续性评估	长江流域资源与环境
刘则渊	2008	生态经济学研究前沿及其演进的可视化分析	西南林学院学报
#2		生态城市建设	被引时间：2001～2016 年
郭秀锐	2001	生态城市建设及其指标体系	城市发展研究
王发曾	2004	开封市生态建设中的开放空间系统优化	地理研究
侯爱敏	2006	国外生态城市建设成功经验	城市发展研究
刘则渊	2001	现代生态城市建设标准与评价指标体系探讨	科学学与科学技术管理
王祥荣	2001	论生态城市建设的理论、途径与措施——以上海为例	复旦学报
宋冬梅	2004	我国沿海地区生态城市建设评价	地理科学进展
张禄祥	2003	论都市农业与生态城市建设	农业现代化研究
王静	2002	天津生态城市建设现状定量评价	城市环境与城市生态
#3		低碳生态城市	被引时间：2009～2014 年
仇保兴	2009	我国城市发展模式转型趋势：低碳生态城市	城市发展研究

第一作者	年份	文章名称	发表期刊
李迅	2010	中国低碳生态城市发展战略	城市发展研究
沈清基	2010	低碳生态城市的内涵、特征及规划建设的基本原理探讨	城市规划学刊
赵国杰	2011	低碳生态城市：三维目标综合评价方法研究	城市发展研究
郝文升	2012	"善治"理念下的低碳生态城市及其过程创新研究	中国行政管理
#4		城市规划	被引时间：1998～2016 年
顾朝林	2009	气候变化、碳排放与低碳城市规划研究进展	城市规划学刊
孙施文	2003	城市规划实施评价的理论与方法	城市规划汇刊
石楠	2004	试论城市规划中的公共利益	城市规划学刊
陈锋	2004	城市规划与城市规划的转型	城市规划
王富海	2000	从规划体系到规划制度——深圳城市规划的历程剖析	城市规划
陈锦富	2000	论公众参与的城市规划制度	城市规划
曹荣林	2001	论城市规划与土地利用总体规划相互协调	经济地理
张泉	2010	低碳城市规划：一个新的视野	城市规划
黄光宇	2001	中国生态城市规划与建设进展	城市环境与城市生态
#5		生态城市规划	被引时间：2001～2015 年
石磊	2004	循环经济型生态城市规划框架研究——以贵阳市为例	中国人口资源与环境
陈小卉	2001	关于生态城市的规划研究——以江苏省大丰市为例	现代城市研究
周南	2005	生态城市规划中的人口预测——以昆山市生态城市规划为例	环境科学与技术

资料来源：作者整理。

2. 研究主题的演化路径识别

对生态城市发展研究主题的演化路径识别与分析，可以归纳不同时期生态城市的研究热点、分析视角及研究方法等的动态发展变化。本书通过关键词共现来鉴别生态城市研究的主要方向和热点，时间切割设置为 1a，阈值选择以 TOP 25 阀值，运行 CitespaceⅢ建构关键词共现图谱，选取 Path Finder 算法形成生态城市关键词主题演化路径（见图 1 - 5），共包含关键词节点 33 个，连线 56 条。

从关键词共现来看，研究方向近似度较高的研究主题在图谱中间距较小，本文根据中心度筛选主题路径中的核心关键词（见表 1 - 4、图 1 - 6），辨识核心主题的演化路径。首先，1998～2002 年生态城市研究处于起步阶段，该时期主要从

图1-5 生态城市关键词主题演化路径

城市规划、可持续发展、循环经济等领域引入与阐述生态城市概念。"生态城市建设""低碳生态城市""循环经济"等44个关键词均呈现出较强的中心度。其中，"循环经济""生态经济"等关键词是生态城市发展的具体理念与实践的实现途径；"可持续发展"与"生态环境"是"生态城市"研究的核心理念及侧重点。2003～2010年生态城市的研究发展较迅速，该时期关键词具有相对均衡的中心度，研究主题主要集中在"城市规划"与"城市治理"。其中，生态城市规划研究中"指标体系"呈现出较高的中心度，可见构建合理的指标体系是测量生态城市建设的主要评价法。中小规模生态城市研究更加注重生态城市的微观层面，包括"绿色建筑""城市建设""低碳"等生态建设模式研究。2006～2010年中国工业化的迅速发展，有关生态城市研究出现了短暂的停滞，该时期未出现具有较强中心度的关键词。而于2010～2012年再次出现了新的突破，不足在于关键词中心度较小且数量较少。从表1-4分析来看，该时期主要的关键词有"低碳生态城市""指标体系"与"城市治理"。可见，生态城市评价研究成为该时期的研究热点，尤其是对低碳生态城市评价研究成为主要研究方向。在生态文明建设背景下，生态城市研究也逐步进入了城市生态规划的理论探索，学者们不断进行实证与理论相结合的创新研究。交叉学科研究有助于解决生态城市建设面临的复杂系统性问题，学者引入了环境学、地理学、社会学等多学科，以弥补研究视角的单一性。

表1-4　生态城市研究关键词共现

年份	关键词	频次	中心度
2002	生态城市	216	1.62
2002	生态城市建设	22	0.03
2010	低碳生态城市	20	0.13
2004	循环经济	18	0.07
2002	可持续发展	18	0.08
2002	城市规划	11	0.01
2010	指标体系	8	0.22
2005	生态经济	6	0.01
2012	城市治理	2	0.11

资料来源：作者整理。

3. 社会网络结果分析

社会网络分析法是针对社会学进行文献分析的研究方法，对网络中的整体属性与个体属性进行剖析。如图1-7所示，本书研究对象以生态城市作为共现词，生态城市研究中心度较高，固定点之间的连线多且密度越大，其中生态城市对城市建设、可持续发展、生态城市建设与循环经济影响较大；城镇化、城市发展模式、生态城市规划、资源型城市、环境保护、城市发展等均呈现较为一致的中心性。近年来，关于低碳生态城市研究较为丰富，包括指标体系、综合评价、绿色建筑、节能减排等研究分支与评价方法；规划建设、城市经济、建设模式、公众参与等研究成果相对较少。在生态文明建设背景下，生态城市治理是生态城市建设与发展的有效手段，公众参与、城市设计、循环发展均是生态城市治理的新举措。本书引入社会网络分析弥补了文献计量法中单一的描述统计，使生态城市各项指标处于相互影响的群体之中。

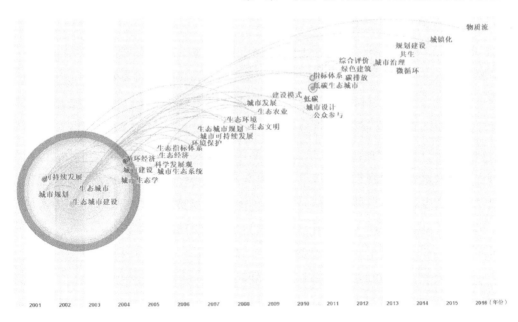

图1-6 生态城市关键词共线

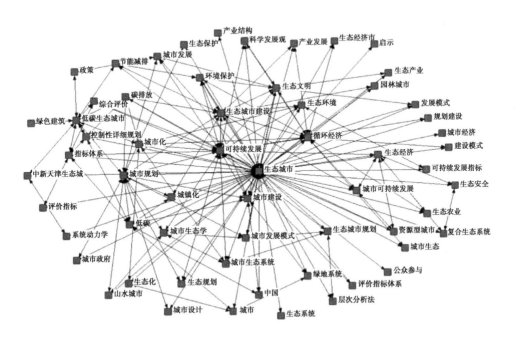

图1-7 生态城市研究热点的社会网络分析

4. 生态城市研究前沿分析

通过对文献主题词或关键词进行突变词分析，对目前生态城市研究领域的研究趋势进行探讨，聚类所包含的突发节点表明生态城市领域研究的新兴趋势。如表1-5所示，突现关键词数量较少，且突现强度不高。其中，城市发展研究中关于生态城市研究收录最多，且分别凸显在2008~2009年与2010~2014年两个时期，2010年城市发展研究强度达到4.4416；其次是城市规划及城市环境与城市生态两大期刊，突现年份均较早。由前文分析可知，2005~2009年城市规划、建设模式及生态城市建设等关键词出现频率较高，城市环境与城市生态强度达到3.8605。从关键词突现情况来看，可持续发展突现时间为1998~2007年，出现时间最长；其次低碳生态城市1998年突现强度最高，为6.7748；再次为循环经济与指标体系，突现时间分别为1998~2009年与1998~2010年。表中四个关键词共同点在于突现强度最高年份均在1998年，可见1998年关于生态城市研究起步于可持续发展，遵循循环经济发展模式，通过构建指标体系对低碳生态城市进行评价。2010年后生态城市研究外延分支与新主题日益减少，未出现新型关键词。从研究机构来看，中国城市科学研究会于2010年突现强度最高，结束于2011年，以仇保兴、李爱民、于立等一批中国城市科学研究会研究员等学者研究

表1-5　生态城市研究关键词、期刊及机构共现网络突现信息表

作者	期刊	强度	开始年份	结束年份
宋义昌	城市环境与城市生态	3.8605	2005	2007
黄肇义	城市规划	3.8849	2006	2009
侯爱敏	城市发展研究	3.3452	2008	2009
仇保兴	城市发展研究	4.4416	2010	2014
	关键词	强度	开始年份	结束年份
	可持续发展	4.2198	1998	2007
	循环经济	3.3494	1998	2009
	低碳生态城市	6.7448	1998	2010
	指标体系	4.2167	1998	2010
机构	强度	开始年份	结束年份
中国城市科学研究会	3.5263	2010	2011

资料来源：作者整理。

成果贡献度较大。此外，中国科学院地理科学与资源研究所、住房和城乡建设部、四川大学经济学会、中国城市规划学会等均是高频出现的研究机构。

三、研究结论与展望

利用信息可视化软件 Citespace Ⅲ，通过文献出版量及共被引文献分析、关键词共现聚类网络分析、高频关键词共被引网络分析，辨析出共被引网络集聚的六个生态安全关键词聚类，识别出聚类团间的理论发展与演进路径。本文研究显示：第一，目前中国生态城市研究不仅有较丰富的理论基础研究文献，也具有发展脉络共引线，整体研究网络体现完整性与全面性特征；第二，研究呈现多角度共同交叉研究趋势，研究角度也从共性研究、宏观研究不断向特性研究、微观研究转变，不断重视生态城市内部要素的机理性分析，物质流与共生成为生态城市的研究前沿；第三，中国生态城市研究把城市规划、城市治理与城市系统共生相结合，立足多维度评价生态城市建设水平；第四，低碳生态城市是生态城市研究的重要分支，生态城市更加注重内部系统的平衡、稳定性。

近年来，中国生态城市的研究成果较为丰富，融合了多元化的基础理论与前沿热点，构建了较为统一的评价方法。现今，无论是中国的城市群建设，还是中国的新型城镇化建设，都要把生态建设与经济、社会、文化等的协调发展统一起来，中国生态城市建设是一个庞大系统工程，要注重其建设过程的复杂性、长期性与协同性。生态城市是城市发展的高级阶段，也是一个地区经济社会发展的最终趋势；生态城市建设意味着自然界中的生态平衡，即资源与人口、经济发展与生态环境等方面达到相对平衡，体现了其内在发展机理特征与规律性。然而，现有的中国生态城市研究还存在一些不足。从研究范畴来看，当前中国生态城市研究领域缺乏延伸与扩展，研究前沿缺乏多元化及深入化探索；从研究视角来看，当前中国城市结构问题突出，如经济结构不合理、空间结构不明晰、人口结构失调、城镇化率问题严峻、城市面临竞争与分化。因此，后续研究可从宏观层面分析中国城市现阶段的总体发展特征，具体评价各城市生态城市建设状况，总结中国生态城市建设实际情况及未来城市发展规律；微观层面细化至城市内部各要素，研究如何实现人与资源的相对平衡；研究路径之一则以小城镇建设为主，如注重城乡边界区的发展、致力于大城市周边小城镇的发展等。研究理念立足再生、可恢复、循环发展、生态系统服务等观点规制出各地区生态建设的具体章程，有针对性地进行城市生态治理。在完善基础理论与研究体系之上进行实证检验，在实践应用基础上增强研究领域的延展性，注重研究分支的开拓，使生态城市研究更成体系化。综上分析，本书认为目前生态城市建设仍是愿景，如何有效解决城市生态化问题，真正意义上实现生态化经济与经济生态化发展是未来值得思考与探讨的重要议题。

第四节　研究内容与方法

一、研究内容

生态城市治理是推进国家治理体系和治理能力现代化的重要组成部分，关系着中国经济社会的可持续发展，与美丽中国梦的建设紧密相关。从党的十八大"五位一体"发展战略，到 2015 年 12 月中央城市工作会议的"创新、协调、绿色、开放、共享"新发展理念，再到党的十九届五中全会"推动绿色发展，促进人与自然和谐共生"等。近年来，为了推动城市生态文明建设和生态城市治理，国家连续出台一系列相关创新政策措施，不断完善生态城市治理制度，提高生态城市治理能力，促进生态城市实现。未来 10～20 年，我国城市化将继续推进，生态城市治理是一个复杂系统工程，如何实现城市经济社会发展与生态环境建设有效协调统一，建设生态型城市，是我国生态城市治理重要的问题。

第一，本书研究基于 DPSIR 模型理论、复杂适应系统理论、分工理论、可持续发展理论、城市进化理论等，阐述生态城市发展机理。第二，根据 DPSIR 模型构建生态城市建设评价体系，对全国 34 个生态城市（含 4 个直辖市、4 个经济特区城市、26 个省会城市）建设水平进行综合评价与差异比较分析，并对福建省九个生态城市建设水平进行纵向与横向比较分析，对国家级厦门生态城市建设典型案例进行分析。第三，根据闽台数据的可比较性等原则，修正生态城市建设评价体系，对闽台两地 18 个生态城市的驱动力、压力、状态、影响、响应五个方面与综合水平等进行比较分析，并总结台湾地区生态城市建设的经验，为我国其他地区生态城市建设提供借鉴与启示。第四，借助 CGSS2013 年数据，以城市公众作为总体样本，通过公众对政府生态城市环保建设满意度、环保知识两个因素对公众环保行为的影响进行分析，阐述生态城市环境建设与公众环保行为关系。第五，新常态下，公众积极主动地参与生态城市治理是提升生态城市环境治理水平的重要途径，基于解构的计划行为理论，以福建省厦门、福州和泉州三个生态城市调查数据为例，基于结构方程模型对公众参与生态城市治理意愿及影响因素进行分析，从而构建公众参与生态城市治理的机制，并从政治、经济、文化、法律、社会以及科技等方面提出促进生态城市治理的对策建议。

二、研究方法

（1）问卷调查与访谈相结合法。主要通过问卷调查与访谈形式对生态城市建设质量现状、公众参与生态城市治理意愿及影响因素，以及构建指标体系中的指标与权重等需要的相关数据进行调查，结合统计年鉴、公众环保民生指数、CGSS 等数据进行数据挖掘、整理分析。

（2）综合评价方法。基于 DPSIR 模型，构建科学与合理的生态城市建设评价体系，运用熵值法与专家评判法相结合确定评估指标体系及权重，对 34 个生态城市建设情况进行综合评价，对不同区域生态城市建设水平、发展特征等进行对比分析与差异分析。

（3）跨学科研究方法。通过管理学、社会学与生态学等多学科角度，从治理理论、复杂适应系统理论与可持续发展理论等出发，设计"共生"生态城市系统，构建公众参与生态城市治理发展机制和相应对策建议，促进生态城市建设，促进美丽城市与美丽中国建设。

（4）比较研究法。基于综合评价结果，对 34 个生态城市建设、闽台生态城市建设进行横向、纵向比较，以及对厦门市与高雄市两地进行比较分析，分析不同生态城市建设情况。

（5）案例研究法。以国家级生态城市厦门市为例进行案例分析，深入探讨厦门生态城市建设现状、问题及发展对策等。

第二章 生态城市治理：公众参与价值及发展机理

第一节 生态城市治理公众参与的重要价值

一、应对城市管理复杂性的需要

改革开放 40 多年来，中国经济保持着快速增长的态势，产业的空间集聚、城市规模的扩张与人口的集聚等加快了城镇化进程，同时也引发了一系列环境问题。较长一段时期，我国城市管理是采取以政府管理为主的管理型政府行政模式，未能充分发挥政府以外其他相关建设主体的参与作用。城市是一个地区经济、社会、文化等的中心，城市本身是一个复杂的系统性，使得城市管理工作越发复杂；传统的管理型政府难以满足现代化城市的建设要求，多元主体协作治理成为我国城市现代化建设的必然趋势。为了顺应这种发展趋势，加快形成有利于现代化城市建设的新型治理模式，便成为各级政府组织部门应对城市管理问题的必然选择。

为顺应生态文明建设理念的发展需要，本书提出了生态城市治理理念，其范式与城市治理具有同一性，治理过程是一个系统工程。如生态城市建设中的环境治理，需要国家政策的扶持与政府的有效引导，同时也需要企业、非营利组织等转变经营模式、提高全要素生态率；需要提升公众的社会责任感、认识到环境质量对生产生活的重要性，需要发挥广大公众积极参与并融入生态城市治理中来。此外，公众对政府、企业工作的监督能有效管制主体部门的行为；环保组织、高校与科研机构等人员的研究成果使未来生态城市治理有理可依、有据可循，促进生态城市治理的实现。

二、实现城市网络治理的需要

"治理"一词来源于英文"governance"，产生于市政学中，主要对传统城市管理建设中存在的相关问题进行思考与有效的解决。而网络治理是新时期的一个研究思路，其基础是信息化与互联网等的快速发展，为其治理城市问题提供了可能性与便利性。城市网络治理的理念是基于一个比较完善的合作机制或制度体系，对城市建设中拟解决的公共行政问题强调多中心行动，在治理过程中寻求协同、减少与降低冲突，最终实现公共价值最大化。相应地，生态城市由多个要素与子系统构成，属于复杂的系统工程，基于网络治理理念的生态城市建设则需要考虑其各个利益之间的博弈关系，应该强调政府主导的背景下，协同各个主体的参与，对生态城市治理中的各个环节开展建设与监督。在网络治理的框架下，生态型城市治理要求各方积极参与，不仅包括了权力主体的政府部门，还需要能动地发挥第三方组织、媒体、企业与个体公众等一系列非权力主体的配合与运作。在参与生态城市治理中，每个主体都具有自身的优势与劣势，各个参与主体在网络治理的理念下，需要构建一个协同网络化治理框架，各个主体在参与过程中，不断寻求合作、发展与互惠互利，最终追求公共价值最大化。生态城市产生的动因，不仅在于全球化、信息化、技术进步、经济社会的发展等一类客观因素，也是一个地区环境建设导致公众追求幸福受到影响的要求，是公众对生态环境治理的诉求，更是国家在开展城市管理受到制约，对实现生态城市可持续健康发展等的需要。生态城市的建设发展需要一种适用于拥有共同目标的组织群体的新型治理模式出现。有学者认为，传统理念上政府是城市管理建设中唯一的权力单位，导致开展建设与管理中实施的唯一中心主体理念；而网络化治理是符合新时期发展的需要，强调的不再是单一的政府中心主体地位，需要发挥其他主体在政府主导下的力量，因此国家治理需要发挥各个主体的协助，通过整体合作来实现对生态城市建设中的所有公共事务的建设，实现最大化的公共利益"善治"效果。换言之，其形成发展的动因是利益主体需求的多样化与"碎片化"政府的治理缺陷，适合多主体实现生态城市的建设目标。

公众是权利与义务的有机统一体，广大公众参与城市治理的过程也是享受社会服务的过程。在全球化蓬勃发展的现代化社会，各主体在城市治理中都有着不可或缺的地位，主体平等化能保证主体参与的积极性，发挥其职能的最大效益，实现权力多元化。鼓励多主体共同参与公共事务是实现网络治理的路径选择，既能保证主体利益的实现，也能实现治理的创新，是生态城市治理的新举措。

三、发展现代民主政治的需要

一个组织的有效运作模式一般体现在自上而下的沟通方式、自下而上的沟通方式，以及二者的结合互动；公众参与不仅直接体现了自下而上的沟通方式，还体现了自下而上与自上而下之间不断循环的互动过程。现今，国家政府已经越来越注重发挥公众在参与公共政策制定的重要性与价值，还更强调公共政策制定后实施中公众的参与，包括了具体推动实施、监督与反馈完善等。公众参与生态城市治理政策的执行是发展社会主义现代民主政治的需要，不仅可以实现生态城市治理公共政策内容的认识、理解与支持，还可以提升公众对政策执行的支持与监督，有效提升公共政策执行的绩效，有助于减少政府的执行偏差，以实现社会利益最大化。近年来，随着中国经济社会的飞跃发展，民众的自主意识、参与意识和保障意识等不断提升，民众基于利益博弈思想，在参与成本可控制的情况下主动地参与生态城市治理中的公共政策制定与执行的意愿越来越强烈。

然而，在看到中国公众参与建设发展可喜的一面时，相对于西方发达国家来讲，我国公众的民主意识仍相对比较欠缺与薄弱，公众的整体素质水平、参与意识、参与能力难以适应现今快速发展的复杂生态城市建设和生态城市治理公共政策制定的要求。面对当前生态城市治理的复杂性、建设过程的专业性和建设主体的互补性需求，政府应该通过开展多渠道与持续的宣传，一方面提高公众参与生态城市治理的责任感与意识感，不断降低公众参与的成本，激发公众参与生态城市公共政策的兴趣与激情，以此提升公众的有效参与。另一方面通过多元化公众参与的方式，如个别接触、民间组织、舆论宣传等，强化公众生态城市治理参与感，确保公众参与生态城市治理政策民主化的真正实现。

四、实现新公共治理的需要

生态城市涉及各个方面，生态城市的管理系统十分复杂，事务繁多，仅仅依靠政府的力量无法协调众多生态城市公共事务，新公共治理理论为生态城市治理提供了重要思路和途径。新公共治理是在新公共服务对新公共管理提出批评后建立起来的一种新的模式。斯蒂芬·奥斯本是新公共治理的主要提出者，他从公共政策的执行和公共服务的提供等角度阐述，是对行政—管理两分法的超越。在斯蒂芬·奥斯本看来，新公共治理由社会—政治治理、公共政策治理、行政治理、合同治理和网络治理等组成。生态城市是一个复杂工程，生态城市的建设与发展过程需要政府的顶层设计和政策的有效执行，需要发挥政府的行政力量，还需要企业、其他组织等的配合，通过合同契约等方式参与融入，在发展过程中实现生态城市创造的公共价值，更需要每一个公众的参与，并借助大数据与信息网络技术等实现有效的治理，构建生态城市的经济、社会、政治、文化与生态协同发展的大网络组织，让生态城市治理各个主体享受到公共价值利益最大化。

随着党的十九届四中全会提出国家治理体系和治理能力现代化建设目标，尤其信息通信技术、大数据和人工智能等的发展，新公共治理理论应用于生态城市治理的建构需要相应的理论框架，基于可持续健康发展的生态城市治理理论与实证研究需要不断融合新公共治理的精神与理念。生态城市的建设与实现过程中对城市的环境、教育、卫生、交通、健康等服务或产品提出相应的要求，新公共治理理论可以对生态城市建设的基本问题、结构问题、可持续问题、价值问题、关系技能问题、责任问题、评估问题进行探讨与解释，从变革与创新角度不断保持生态城市组织的可持续发展。新公共治理强调政府应该改变过去全能政府的模式，将权力下放给公众和其他社会组织，调动公众力量来共同管理公共事务。

第二节　生态城市治理发展机理的多角度分析

工业时代发展遗留的问题促使人类进入了生态文明建设时代，相应地，生态城市治理理论的研究进入一个新的发展阶段。城市作为一个富有特殊化、差别化、本地化的社会关系综合体，其建设机制决定未来的发展路径。在人口高度集聚、城市规模持续扩张的生态文明建设时期，城市能否继续成为经济社会活动集聚的中心，城市应如何协调人类活动、经济建设、生态环境等系统之间的关系是生态城市治理的关键。因此，本书基于DPSIR模型理论、复杂适应系统理论、分工理论、可持续发展理论、城市进化理论等，从生态城市建设评价角度出发，探讨与构建生态城市系统自组织（混沌系统在随机识别时形成耗散结构的过程）发展机制、复杂适应性机制与调控机制，从而构建以生态经济为基础，生态环境子系统、经济子系统、社会子系统、文化子系统及智慧子系统等各个子系统之间相互作用与协调的"共生"生态城市系统，最终构建我国生态城市治理发展机制与路径，为生态城市建设评价与治理提供理论基础。

一、基于 DPSIR 模型理论的生态城市发展机理研究

DPSIR模型是一种基于可持续发展理论，通过构建指标体系进而对各项指标进行综合评价的模型，各要素在系统间相互影响、作用，从而促进整体保持持续性上升发展趋势。DPSIR模型是1993年欧洲环境局（EEA）在经济合作与发展组织（OECD）提出的PSR模型基础上发展而来，该模型包括驱动力（Driving Force）、压力（Pressure）、状态（State）、影响（Impact）和响应（Response）五个方面，体现"发生了什么、为什么发生、如何应对"的因果关系。DPSIR模型在PSR模型基础上进行升级，更加明确细致地分析描述影响生态城市建设各因素之间的相互关系，以增强"驱动力"，降低"压力"，优化"状态"，加强"影响"，完善"响应"。欧洲EEA公司于1998年首次将该模型的框架用于欧洲环境优先次序的经济评估中，它是基于某种假定的原因和影响下的相关联状态的框架

模型，存在着基于驱动力（D）、压力（P）、状态（S）、影响力（I）、响应（R）的内在关系，该模型被广泛用于可持续发展领域，如 Edward R. Carr 等应用 DPSIR 模型的可持续发展研究，Zebardast 等应用 DPSIR 模型于德黑兰新型城镇化环境评价研究，王强等基于 DPSIR 模型的农业产业化可持续发展评价研究（如图2-1所示）。

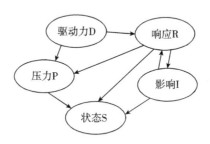

图2-1 DPSIR 模型影响作用

DPSIR 模型是从系统论角度分析人与环境系统的相互作用，是判断环境状态和环境问题因果关系的有效工具，综合分析和描述环境问题及其与社会发展关系的常用模型，具有综合性、系统性、整体性、灵活性、可持续性等特点。DPSIR 概念的生态城市建设模型中，"驱动力"指推动生态城市建设的动力因子；"压力"指广大群众、企事业单位组织等主体活动对周围生态环境因素建设的影响，是生态环境的直接压力因子；"状态"指生态环境在上述压力下所处的状况，即生态城市建设水平；"影响"指系统所处的状态对生态城市建设的要求与影响；"响应"指为建成生态城市而制定、采取的积极有效措施与对策。DPSIR 模型明确细致地分析描述影响生态型城市生态治理各种因素之间的相互关系，以增强"驱动力"，降低"压力"，优化"状态"，加强"影响"，完善"响应"，从而实现城市的可持续性发展。图2-2反映了"压力"和"驱动力"在经济活动的基础上产生的关系，它是利用生态效率的函数表达法，用函数的形式体现所用技术与相关系统的生态效率。当生态效率提高时，更多的"驱动力"会导致更少的"压力"；这些系统的承载力和阈值决定生态系统或人类的影响与生态环境状态之间的关系，影响体现了社会对生态系统产生不同认识的反应，而响应的效率决定社会响应对驱动力反作用的结果。

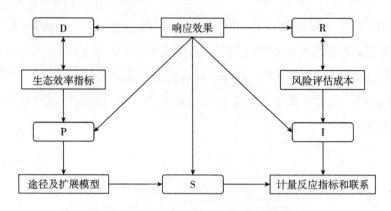

图 2-2　生态城市可持续健康发展体系

因此，DPSIR 模型框架是反映人类与生态城市建设之间的相互作用与影响关系，可用于衡量与评价生态环境与可持续健康发展的概念模型。这种框架比较清晰，具有层次性与客观性，为生态城市建设评价体系构建提供了理论支撑与一个较好的框架。从 DPSIR 模型理论来看，生态城市建设是受某些因素驱使而向更好的方向发展，本书选取了经济发展和绿色经济两个代表性因素，它们是生态城市发展的经济基础，拥有强大的经济能更有效地进行生态城市建设。在城市建设中，治理过程会受到来自各方的压力，本书选取能源消耗和污染排放两因子代表压力子系统，上述因子的产生使生态环境承载力面临巨大压力，阻碍生态城市的持续性发展。目前，生态城市建设状态能对其建设行为进行总结评价，主要表现为公共设施和生态状况两方面，状态子系统的结果受制于驱动力与压力的共同作用。影响子系统反映当前生态城市建设状态对生态城市中利益相关者产生的影响，通过对相关文献的研究及对生态城市环境情况的考察，本书认为影响生态城市建设的因子主要是社会民生和公众参与。面对驱动力、压力、状态、影响子系统的影响与作用，生态城市建设质量的不断改善、实现持续性发展，相关部门、组织乃至社会都应针对建设中的问题给予解决即响应，响应措施主要体现在建设投资和控制响应两方面。最后，主体部门给予的响应与其他要素间相互影响，共同作用于生态城市建设系统的永续发展。基于 DPSIR 模型的生态城市建设发展机理如图 2-3 所示。

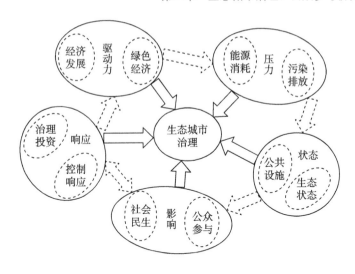

图 2－3　基于 DPSIR 模型的生态城市发展机理

二、基于复杂适应系统的生态城市发展机理研究

复杂适应系统（Complex Adaptive Systems，CAS）来源于比利时著名科学家普利高津提出的"复杂科学"概念，它体现了大量行为主体之间的运动特征，即该主体具有一定的同类性，不具有线性相互作用和具有动态发展性，以此最终构建一个系统。其中，系统中的组成成员称为具有适应性的"主体"。因此，复杂适应系统包含适应性、主动性与动态性三个要素：其一，适应性体现了复杂适应系统中的内部主体与外部主体之间的互动交互作用，尤其是其他主体与环境主体之间的影响关系；其二，主动性体现了复杂适应系统中的各个内部主体不断自学习与成长，根据主体与环境的交互过程中为适应环境发展而调整改变自身的行为；其三，动态性体现了复杂适应系统与各个主体都是不断发展与演变的，不断地完善系统本身。

复杂自适应系统理论认为事物是由小变大、由简单变至复杂的。城市作为事物的一种，演变原理与此一致。约翰·霍兰认为可以借助复杂适应系统理论，根据生态城市治理行为特征与主体的三个要素，从而构建生态城市治理中各个主体参与的框架。基于复杂适应系统理论，生态城市主体在理论中被称为适应性主体，人和由人组成的组织机构是城市复杂系统的重要主体。并且，生态城市中的交通路网、场地建筑、基础设施等一系列相关物体都被作为相应的主体之一，反映了人类开展生态城市治理活动中的行为，它也具有相应的"活性"。第一，主体集聚是由简单变至复杂的过程，复杂自适应系统所指的城市集聚不仅是人口的聚焦，也非仅是空间层面的聚焦，更强调的是主体间通过一种非线性的结合形成一种更大的主体，涌现出原来主体所不具备的特质，如经济、文化、生态等多个子系统之间耦合聚集，相互作用涌现出协调性、适应性和持存性。第二，非线性发展，它是复杂自适应系统复杂性的起因，其非线性表现形式则是指各个主体之间聚焦的影响关系和环境与其他主体之间的作用关系。生态城市发展源于生态城市系统的非线性，也就是"共享"机制和"学习"机制。在生态城市中，人们共享生态城市环境、公共服务设施，企业共享工人技能，政府可以通过保险让公众共享分担社会投入。各主体通过共享、学习实现对生态城市发展的积累与创新。第三，要素流，体现了以主体为中心点，各个主体间能量、信息与物质等的互相流动与相互作用。生态城市作为一个复杂系统，其治理与要素流息息相关，生态城市治理中的人口、技术、资金、文化、环境、信息与相应的政策等都对生态城市内涵与外延、质量与边缘发展都是不可缺少。第四，目标多样性，多样性是复杂自适应系统中主体不断适应生态城市发展的结果，每个主体存在于生态城市发展的环境中，生态城市环境也滋生其主体的发展，二者存在互动影响关系，个体行动者进入环境后有可能促其环境进一步升级，达到生态城市环境主体的共进发展。第五，内部模型，生态城市治理具有动态发展，随着人类发展行为，生态城市环境也在不断变化发展，生态城市治理需要有从过去的大量经验中判断预知未来、纠正错误行为等能力的内部系统模型。在这个内部系统模型中，生态城市治理主体根据自身的经验与理念，对生态城市治理的基础设施、产业经济、绿化环境、文化社会等和主体在大量过去环境间互动中积累的经验教训等进行重组，最终确定选择最优内部模型，以此指导人们更好地开展生态城市治理。因此，构建生态城市复杂适应系统，则首先需要从生态城市主体中的适应性、主动性与动态性三个要素进行设计。个体在主体引导下聚集形成组织，并逐层聚集，直至形成整个复杂自适应系统。

仇保兴认为生态城市作为人类与众多其他有机系统共生的复杂自适应系统，

具有该系统的相关特征。首先，生态城市中的公众可以借助信息技术、数据挖掘与经验判断等方式对生态城市治理中的相关规律进行处理与应用。新时代下，互联网的迅速发展，网络技术的有效应用，使得生态城市治理的各类参与者可以充分与方便地使用信息系统、物联网、大数据等技术和各类政策工具来实现数据挖掘，得到更有效与更准确的相关数据、信息与经验等，基于生态城市治理自身发展的归类，制定生态城市发展的战略、规划与公共政策的依据。生态城市作为一个复杂的适应系统，除具有复杂性外，还具有发展能动性，生态城市是一个聚集经济、社会、文化与人口等优势区域，它作为系统本身可以在其基础设施、产业经济、绿化环境、文化习俗、公共政策与发展战略规划等传承创新中得以实现不断优化，从而适应城市环境的改变，即生态城市实现人与人、人与社会、人与自然等互动过程中构建的能动性系统。其次，生态城市与周边的社会、自然环境具有共生、共同进化的关系。生态城市与周边的环境密不可分，并且环境是生态城市治理与可持续发展的基础。作为复杂适应系统的生态城市，从组织的角度来看，它不断追求生态城市中的城市发展定位、城市形象定位、城市文化定位和城市生态环境定位等，通过生态城市自身功能实现不断深化，最终找到最佳的"生态位"，尤其是城市群的持续发展更加体现各城市之间的互补协调。最后，生态城市的运行发展遵循"自发的隐秩序"。在新理性主义看来，生态城市作为多中心或无中心复杂系统，秩序是由无数个体相互作用的关系中无意识地自发实现。如果把生态城市看成是一张复杂的网络，每一个节点可看成一个个主体，每个节点都与别的节点发生连接，并产生相应的影响。

　　生态城市治理本身蕴含着可持续发展理念，在治理的过程中通过生态功能，协调绿色科技、经济政治、社会文化等各要素在统筹建设中发挥"自发的隐秩序"效用，不断朝"共生""协同"与"健康"发展。生态城市系统是一个复杂的、开放性的复合系统，系统主要由五个子系统组成，即经济子系统、政治子系统、社会子系统、文化子系统及智慧子系统。这些子系统在生态环境、政策环境及经济环境下相互作用、共同进步，并通过科学技术、生态环节等手段，朝向适合人类生存的理想生态城市不断发展。

三、基于分工理论的生态城市发展机理研究

国内外相关学者基于不同的角度或不同的方法对城市发展阶段进行划分，以此寻求城市发展更好的规律。如法国地理经济学家戈特曼认为生产要素对城市发展具有重要作用，根据生产要素数量的多少，城市圈的形成、发展与演变可以归纳划分为个别城市孤立分散、城市间强弱联系、城市群雏形和城市群成熟四个阶段。虽然我国对这方面的研究较晚，但是近年来随着新型城镇化的进程，相关学者结合我国国情，也对城市的发展阶段进行了许多研究。如姚士谋根据我国城市发展历程、特征与趋势，认为城市发展大致可以归纳为初始、成长、稳定与成熟四个阶段，还有按照城市化水平指数和城镇人口增长系数的阶段划分方法。本研究基于分工理论，有别过去一些初级统计意义的划分，借鉴国内外学者的研究，将城市划分为传统农业城市、工业化城市、科技信息化城市、生态城市四个阶段。

1. 传统农业城市阶段

在过去相当长的时间里，从原始社会、奴隶社会、封建社会到近代的工业化社会这一跨度时间内，社会分工不发达，小农经济理念在社会中处于主导地位，体现为以自给自足为代表的传统手工为主要生产方式，以人口聚集为重要特征形成的聚集地，再演变成剩余产品交换形成的城市区域。

2. 工业化城市阶段

工业化促使了社会化程度提高，生产分工不断精细，带动了经济的快速发展，工业经济理念在社会经济生活等各方面都处于主导思想地位。工业化在不断满足交易需求的过程中，对社会的分工与结构也产生了影响；工业化的过程也带动了这时期的科学技术有了跳跃式发展，又反过来促进生产力的发展，不断促进城市的有效循环发展。然而随着城市规模的扩张和人口的膨胀所带来的拥挤效应加剧，对传统工业化发展模式下的城市发展产生了重要的制约影响。

3. 科技信息化城市阶段

近年来，现代信息技术的衍生与快速发展，为科技信息化城市阶段的形成提供了基础。新时期，越来越多企业认识到信息要素是传统的人力、资金与技术三大要素之外最重要的要素。这一时期，信息技术、信息资源对城市经济生产方式

产生重要支撑作用，经济增长已经变为集约型、技术型等方向。尤其是人工智能的发展，不断成为该阶段发展的重要表现特征。

4. 生态城市阶段

尽管国内外学者对生态城市的内涵与外延认识存在一定的区别，但生态学原理、可持续发展理论等成为绝大部分学者认为生态城市发展的理念思想，综合研究经济、政治、文化、社会、自然复合生态系统，是使经济更可持续发展、政治更加生态、文化更加繁荣、社会更加和谐、环境更加优美、城市更加智慧、人民生活更加幸福的人类住区。在此，理想型生态城市是要实现经济、社会、政治、文化与生态环境协调发展，以实现生态城市可持续健康发展。

四、基于可持续发展理论的生态城市发展机理研究

20 世纪 80 年代，国际自然保护同盟制定了《世界自然保护大纲》，首次出现"可持续发展"一词。随后，联合国环境与发展委员会于 1987 年出版《我们共同的未来》一书，正式提出可持续发展内涵与外延等概念。之后，理论界与学界等对可持续发展进行了深入研究与应用。可持续发展最初的概念起源于生态学，体现了自然资源的使用与开发管理理念和战略思想。发展至今，不同学者从不同角度与思维等对其概念内涵进行不断的诠释与发展，可持续发展的概念非常丰富。其中，世界比较公认的可持续发展概念是联合国环境与发展委员会（WECD）在《我们共同的未来》一书中提出的，可持续发展是"既满足当代人的需求，又不对后代人满足其自身需求的能力构成危害的发展"。学者最有代表性的观点之一应该是美国生态学家 R. T. T. Foman，他认为可持续发展是构建一个最佳的生态系统，使得人类生存生活环境质量得以持久性改善，以此来支持生态的完整性和保障人类的生存生活持续。可持续发展概念提出至今，其外延也得以迅速丰富完善。社会普遍认为可持续发展需要具备发展的持续性、优质性、公正性原则，以及对实现生态持续性、经济持续性和社会持续性三个方面的有机协调的强调。因此，可持续发展是指经济、社会、人口与资源同环境之间的协调发展，既要满足当代人不断增长的物质文化生活的需要，又不得损害满足子孙后代生存发展对大气、淡水、土地、海洋、森林、矿产等自然资源和其他环境需求的能力。可持续发展要以保护自然为基础，与资源和环境的承载能力相协调；可持续发展的核心是人的全面发展，强调满足人的基本需要。改革开放 40 多年来，中国城镇化和工业化进程加快，一些城市发展面临的一系列问题已经违背了可持续发展的要求，为了实现生态、经济、社会等可持续发展，可持续发展理论要求经济、社会、人口与资源同环境之间的协调发展。

五、基于城市进化理论的生态城市发展机理研究

现代综合进化论是生物进化论的衍生，进化的理念则是不断向复杂化与有序化的趋势发展。城市发展从初始、成长、稳定与成熟等发展规律体现了城市进化与发展规律，生态城市的发展，可以用生物进化与发展的现代综合进化理论进行阐述。随着科技信息技术的发展，人类可以通过各类工具手段改变城市经济社会的发展速度，从而改变城市发展的定位与形象，然而城市的发展整体进程却是不能改变的。

从城市进化历史可知，城市的进化是趋近复杂化与有序化，如越来越多城市群、大都市圈的形成，以及相应具有行业特色代表的专业化概念城市等的出现，在一定程度上都反映了城市进步理论的产物。其一，随着时间的推移与向前发展，城市建设趋向复杂化与系统化，影响生态城市系统的要素数量也在不断增加，如早期城市发展要素以产业发展、文化建设为主，随着城市化水平的提升，城市要素增至生态环境、信息技术等，其性质更加多样化与专业化。综合城市系统整体性质的综合化、复杂化同时发展。其二，随着城镇化的进化，第二产业、第三产业不断向城镇聚集，逐渐形成产业集群区域。在城市发展初期与中期，工业化是城市发展的标签，第二产业是城市发展主导产业，其增长较快；随着经济的进一步繁荣发展、科技信息等的不断影响，现代化阶段中生态建设与信息技术产业逐渐引起重视，可持续发展理念深入人心，第三产业成为主导产业，增长速度超过了第二产业。其三，生态城市是一个巨大的系统，其城市要素不但有新产生的，而且还有从原有要素分裂出来的，科学技术的发展促进了城市信息通信与交通的发展，并呈现不断分散的趋势，使得城市建设中的相关要素进行组合，形成若干城市区域，各个城市之间的联系越发密切，最终形成城市群。在空间竞争中，生态城市发展要素包括资源要素、物质要素、生态要素等。新时期，以科技信息活动为主的要素正在不断集中，为生态城市整体系统形成最佳的联系模式提

高基础与条件。在城市进化过程中，城市要素的升级与集中有助于城市的生长，同时城市系统的有序化作用也始终调节着城市的发展，不断消除城市进化过程中产生的无秩序；城市进化的同时发挥着城市净化的功能。现今，世界各地一些城市已经进入深化发展阶段，生态城市系统间的作用日益显著，生态城市治理机制越发复杂，前瞻性、综合性等目标是生态城市发展的新视角，深入研究城市进化的机理是生态城市治理的基础与关键。

第三章 生态城市建设：现状及
评价体系构建

第一节 我国生态城市建设现状

党的十七大以前，我国社会主义的建设特别强调经济建设的重要性，而相对忽视了其他领域的建设，未能实现有效协同发展。经济发展与工业化进程，也产生了一系列环境问题，严重影响到经济社会等可持续健康发展，阻碍了民众的生活质量与健康。党的十八大提出"五位一体"建设发展战略目标，将生态建设置于突出位置；2015 年 12 月，中央城市工作会议提出城市发展要坚持"创新、协调、绿色、开放、共享"新发展理念；党的十九大把生态文明建设提升为"千年大计"，提出"加快生态文明体制改革，建设美丽中国"；党的十九届四中全会对"坚持和完善生态文明制度体系，促进人与自然和谐共生"做出系统安排；党的十九届五中全提出"推动绿色发展，促进人与自然和谐共生"；等等。这些都为生态城市建设提供了重要的思想与理念。

从全球一体化的加深与可持续性发展的角度来看，生态建设俨然成为全球城市建设的主流方向。截至 2019 年底，我国城镇化率达 60.6%，未来 10～20 年我国城镇化建设进入一个新的快速发展时期，城市生态文明建设情况关乎其可持续性发展。然而，我国生态城市建设之路尚在探究与摸索中前行、成熟、发展。自

1999 年海南立足于生态城市建设概念至今，全国已有 230 个地级市为"生态城市"，占比 80.1%，其中"低碳城市"占比 46.3%。首先，从新建地区的生态城市实践来看，主要特点是开发建设过程中尽量不占用耕地，生态恢复相关公共场地，从规划到建设等各部门、各环节对生态城市进行改造实践。一般来说，这类城市在生态实践中受到约束性因素较少，可以通过制定指标体系等手段较好地应用于生态城市有关的规划设计与理念技术，但不足之处在于投入成本较高。人口集聚与产业集群需要依托周边城市的辐射力，我国大多城市建设以此方式为主，如天津、南京等。其次，国外较多采用的建设模式为"逐渐演进型"的生态城市实践，这类建设方式特点是以较低的成本与最高的效益为指导精神，根据自身城市的产业发展结构与城市发展特征等，发展低碳循环经济，不断优化产业结构与完善生活生产方式。相比第一种发展模式而言，这类模式需要得到政策、制度、资金的支持，同时政府加以扶持与引导。我国生态城市发展应不断创新发展以上模式。

我国生态城市的基本特征是：系统设计，重点突破；因地制宜，适宜技术；理论支撑，实践探索；中外借鉴，合作引进。从具体时间分布来看，2007 年前，我国生态城市数量不多，且建设规模较小；2007 年后呈直线快速上升趋势，截至 2013 年，有 44% 已建成、56% 处于建设阶段中。从空间分布来看，生态城市集中分布在珠三角、长三角地区、华中、成渝等经济发展水平较高的地区，其中河北省、湖南省、广东省生态城市地级市均在 10 个以上，广西壮族自治区、贵州省、云南省数量较少。从建设方式来看，我国积极与国外建立共建共赢的合作方式，如中新天津生态城、苏州中新生态科技城、崇明岛等。在生态城市建设具体措施上，我国以推进"绿城建设"为首要举措，2012 年财政部、住房和城乡建设部印发《关于加快推动我国绿色建筑发展的实施意见》，给予"绿城建设"有突出贡献城区 5000 万元奖励，第一批获奖城市就包括我国多个生态型实验区。2013 年国家开始启动的"水生态文明城市"建设项目，在政府主导的背景下，采取 PPP 模式等积极吸纳社会资金，构建政府、企业、社会等多元化合作的机制，有效地推动了对水资源进行治理，第一批试点城市新增、恢复水域或湿地面积达 1436.7 平方千米。2014 年，国家启动的生态文明建设示范区建设，促进全国生态城市的全面创建与生态城市内涵的提升。2015 年，国务院办公厅发布关于推进海绵城市建设的指导意见，全国各地生态城市在海绵城市建设领域进行探索实践。2018 年底，中国社科院发布《中国生态城市建设发展报告（2018）》，依据动态评价模型评出 2018 年生态城市前十位的城市，分别是深圳市、广州市、上海市、北京市、南京市、珠海市、厦门市、杭州市、东莞市、沈阳市。2020年 1 月 22 日，住房和城乡建设部官网发布通知，拟命名江苏省南京市等八个城市为国家生态园林城市、河北省晋州市等 39 个城市为国家园林城市、河北省正定县等 72 个县为国家园林县城、浙江省百丈镇等 13 个镇为国家园林城镇。

我国在生态城市建设方面取得了相应的可喜成绩，但在建设模式上仍比较单一，存在一些不足。如城市化过程中没有对城市绿地、城市建筑群的密度和高度、城市基础设施进行精心设计和安排；各地政府在城市建设过程中监督管理还比较薄弱，需要进一步强化。同时，一些公众出于自身个人利益，对公共事务利益进行忽视，所采取的侵占公共场地与抢占地盘等公众行为危及生态城市建设的整体规划协调。一些城市公众环境素质还有待于提升，生态意识不强，生活垃圾没有分装处理，生态生活、生态生产等行为还未形成等。因此，基于我国生态城市建设现状，本章将基于 DPSIR 模型构建生态城市建设水平评价体系，第四、第五章将基于评价体系对我国、闽台生态城市建设水平进行评价分析，分析区域及时空差异，并分析其发展存在的问题及原因等。

第二节　生态城市建设水平评价体系构建研究

一、评价指标体系构建原则

1. 科学完整性原则

构建生态城市建设水平评价指标体系，必须综合考虑社会、经济、政治、环境、文化等方面中与生态城市建设成效相关的因素，既要选择那些能够体现各方面相互协调的动态发展趋势的评价指标，同时也要使得各评价指标能够与评价目标有机地联系起来。对于权重系数的确定、数据的来源、评价方法的选择等要以公认的科学方法为依托，力求避免任何内容的主观臆造，保证评价结果的信度和效度。

2. 关键要素原则

生态城市建设是一个系统繁杂的工程，涉及内容繁多，构建指标体系时，应尽量选取那些对生态城市建设影响较大的因素作为指标，按照重要性和贡献率大小进行排序，筛选出数目少但代表性强，且能够很好地体现出整体建设情况的关键因素作为主要指标。简化评价指标体系，保证指标体系的合理性。

3. 独立性原则

设计的指标体系必须尽可能相互独立，避免重复，这样才能用尽可能少的指标对生态城市建设水平进行准确的评价。

4. 实效性原则

事物是动态发展的，生态城市的建设既是一个目标，又是一个发展过程，所以衡量建设水平的指标体系应具备动态性，体现出系统的发展趋势。通过指标体系的监测、预警和评估功能，调控和完善生态城市的建设，实现美丽城市建设。

5. 可操作性原则

对生态城市建设水平进行评价的最终目的是要供决策者使用，服务于政策制定和科学管理，指标的选取要尽可能地确保数据的可获得性，同时指标还要具有可测性、可比性和易于量化性。在实证研究过程中，指标数据要能够通过统计资料整理、实证调查或直接从有关部门获得。尽量选择那些易于分析计算并具有代表性的综合指标和主要指标，以便于对评价指标的运用和掌握。

6. 客观指标为主，主观指标为辅的原则

客观指标反映事物的本来面貌，真实具体。客观指标在整体体系中占绝大部分；主观指标是通过数值来表现个体的人对事物的评价，是人们客观感觉的主观态度。主观指标采取抽样调查和向被调查者直接提问的方法获得材料。

二、评价指标选取依据

基于DPSIR模型选取与构建的评价指标，即从该模型的驱动力、压力、状态、影响、响应五个方面的内涵来选取。"五位一体"的协同发展布局，要求中国在社会主义建设中应统筹实现经济、政治、文化、社会和生态文明等的建设，建设资源节约和环境友好的"两型"社会，形成节约资源和保护环境的空间格局、产业结构、生产和生活方式，构建资源循环利用体系，减少资源束缚，推进绿色、低碳发展，降低环境污染，维护生态系统的平衡。因此，根据 DPSIR 因果关系模型，选取的各个指标还要包含经济、政治、文化、社会和生态环境五个方面相关内涵。

生态城市建设是上级政府、当地政府、城市公众、企业、非营利组织等相关利益主体通过各种手段和途径对城市生态的管理，是城市实现经济可持续发展、政治文明、文化繁荣、社会和谐、环境优美、城市智慧、人民生活美满的目标。因此，生态城市建设的主体是多元的，包括政府、公众、非政府组织、企业等方面。所以在选取评价主体时，要尽量包含这几个方面的主体。

三、评价指标的构建及其解释

1. 评价指标的构建

研究指标选取的主要依据是 DPSIR – TOPSIS 模型，将指标体系分层结构划为准则层与指标层两个层次。

（1）准则层：依据 DPSIR 模型，将其分为驱动力、压力、状态、影响和响应五个方面。

（2）指标层：在广泛听取各高校及相关实际部门等各方面专家的意见的基础上，借鉴他人成果，根据指标设计原则，紧扣生态城市的内涵、基本要素和本质特征，依据 DPSIR 模型、生态建设理论以及"五位一体"理念分别选取了21个可查询、可量化、可比较的指标，对准则层的变化和反应给予了直观的数据，由此构建了生态城市建设水平评价指标体系（如表3–1所示）。

表3–1　生态城市建设水平评价指标体系

准则层（权重）	指标层	代码	属性	权重
驱动力 （0.19）	GDP 增长率（%）	C1	正	0.05
	人均 GDP（元）	C2	正	0.05
	城镇居民年人均可支配收入（元）	C3	正	0.05
	第三产业增加值占 GDP 比重（%）	C4	正	0.05

准则层（权重）	指标层	代码	属性	权重
压力 （0.24）	单位 GDP 能耗（吨标准煤/万元）	C5	负	0.05
	单位 GDP 水耗（吨/万元）	C6	负	0.05
	单位 GDP 一般工业固体废弃物产生量（吨/万元）	C7	负	0.05
	单位 GDP 工业废水排放量（吨/万元）	C8	负	0.05
	单位 GDP 二氧化硫排放量（吨/万元）	C9	负	0.05
状态 （0.14）	每万人拥有卫生机构床位数（张/万人）	C10	正	0.04
	每万人拥有公交车数量（辆/万人）	C11	正	0.04
	每万人拥有公共图书馆数量（个/万人）	C12	正	0.04
	人均公园绿地面积（平方米）	C13	正	0.05
	建成区绿化覆盖率（%）	C14	正	0.05
影响 （0.19）	城镇居民恩格尔系数（%）	C15	负	0.04
	城镇登记失业率（%）	C16	负	0.04
	城镇人口密度（人/平方公里）	C17	负	0.05
响应 （0.24）	环保支出占财政支出比重（%）	C18	正	0.05
	城市生活垃圾无害化处理率（%）	C19	正	0.05
	城市污水处理率（%）	C20	正	0.05
	工业固体综合利用率（%）	C21	正	0.05

注：作者整理。

2. 评价指标解释

（1）驱动力指标。

"驱动力"指引起城市生态变化的潜在原因，能够引起生态城市的发展，主要是经济方面的表现，经济发展的好坏直接影响生态城市的发展，因为生态城市的发展需要强大的经济支撑，但是生态城市的发展又要求经济的发展方式是低碳的、绿色的，所以低碳、绿色、高效的经济发展驱动着生态城市的发展。在驱动力指标下设立经济发展和绿色经济两项指标。其中经济发展包括 GDP 增长率、人均 GDP 和城镇居民年人均可支配收入；绿色经济包括高新技术产业总产值占 GDP 比重和第三产业增加值占 GDP 比重。

1）GDP 增长率，是指 GDP 较上一年度的增长情况，能够反映本年度经济发展形势，其计算公式为：

$$GDP\ 增长率 = \frac{本年度\ GDP\ 总额 - 上年度\ GDP\ 总额}{上一年度\ GDP\ 总额} \times 100\%$$

2）人均 GDP，是衡量一个国家国民生活水平的一个重要指标，是对一定区域内某一年份内的国内生产总值与相应年份的常住人口求比值得到。

3）城镇居民年人均可支配收入，体现了城镇居民的生活水平，是指居民年全部现金收入能够用于支付家庭日常生活支出的那部分收入。

4）第三产业增加值占 GDP 比重（%），反映区域产业结构优化程度，是指第三产业发展水平及其对经济总量的贡献力。其计算公式为：

$$第三产业增加值\ GDP\ 比重 = \frac{当年第三产业生产总额 - 上年第三产业生产总额}{当年\ GDP\ 总值（万元）} \times$$

100%

（2）压力指标。

"压力"指政府、企业、广大群众、企事业单位组织等活动对周围生态环境因素建设的影响，是生态城市建设的直接压力因子，压力是阻碍生态城市进一步发展的主要原因。本研究中的压力主要表现在能源消耗和污染排放上，在能源消耗和污染排放下又分别设置三个和两个指标。

1）单位 GDP 能耗，可用来反映一定区域经济活动过程中对能源资源的充分利用程度，体现经济结构和能源利用效率情况。由能源消费总量和国内（地区）生产总值这两个指标计算得出。

2）单位 GDP 水耗，用来反映每万元国内生产总值消耗水资源的数量，其计算公式为：

$$单位\ GDP\ 水耗 = \frac{当年水资源消耗总量（吨）}{当年\ GDP\ 总值（万元）}$$

3）单位 GDP 一般工业固体废弃物产生量，一般工业固体废弃物产生量指标未被列入《国家危险废物名录》或者根据国家规定的危险废物鉴别标准（GB5085）、固体废物浸出毒性浸出方法（GB5086）及固体废物浸出毒性测定方法（GB/T15555）鉴别方法判定不具有危险特性的工业固体废物。计算公式为：

一般工业固体废物产生量 =（一般工业固体废物综合利用量 - 综合利用往年贮存量）+ 一般工业固体废物贮存量 +（一般工业固体废物处置量 - 处置往年贮存

量）＋一般工业固体废物倾倒丢弃量。单位 GDP 一般工业固体废弃物产生量是指每一万元 GDP 产生的一般工业固体废弃物重量，其计算公式为：

$$单位 GDP 一般工业固体废物产生量 = \frac{一般工业固体废物产生量（吨）}{GDP 总额（万元）}$$

4）工业废水排放量指经过企业厂区所有排放口排到企业外部的工业废水量。包括生产废水、外排的直接冷却水、超标排放的矿井地下水和与工业废水混排的厂区生活污水，不包括外排的间接冷却水（清污不分流的间接冷却水应计算在内）。单位 GDP 工业废水排放量是指每一万元 GDP 排放的工业废水重量。其计算公式为：

$$单位 GDP 工业废水排放量 = \frac{工业废水排放量（吨）}{GDP 总额（万元）}$$

5）二氧化硫排放量指企业在燃料燃烧和生产工艺过程中排入大气的二氧化硫总量，计算公式为：二氧化硫排放量 = 燃料燃烧过程中二氧化硫排放量 + 生产工艺过程中二氧化硫排放量。单位 GDP 二氧化硫排放量是指每万元 GDP 产生的二氧化硫重量，其计算公式为：

$$单位 GDP 二氧化硫排放量 = \frac{二氧化硫排放量（吨）}{GDP 总额（万元）}$$

（3）状态指标。

"状态"指生态城市建设在上述压力下所处的状况，即生态城市建设水平；本书通过公共设施和生态状况两个方面反映当前生态城市建设的状况。在这两个指标下又分设五个指标。

1）每万人拥有卫生机构床位数，卫生机构床位数指报告期内包括医疗机构、疾病预防控制中心（防疫站）、采供血机构、卫生监督及监测（检验）机构、医学科研和在职培训机构、健康教育所等。医疗机构包括医院、社区卫生服务中心（站）、疗养院、卫生院、门诊部、诊所（卫生所、医务室）、妇幼保健院（所、站）、专科疾病防治院（所、站）、急救中心（站）和临床检验中心。医疗机构分为非营利性医疗机构和营利性医疗机构等所拥有的床位数量。每万人拥有卫生机构床位数是指该地区每一万个常住人口拥有的卫生机构床位数。其计算公式为：

$$每万人拥有卫生医疗机构床位数 = \frac{卫生医疗机构床位数（床）}{常住人口总数（万人）}$$

2）每万人拥有公交车数量是指每一万个城镇常住人口拥有的公交车数量，其计算公式为：

$$每万人拥有公交车数量 = \frac{公交车数量（辆）}{城镇常住人口总数（万人）}$$

3）每万人拥有公共图书馆数量，公共图书馆是为公众服务的图书馆，一般由政府税收来支持。与专业图书馆不同，公共图书馆的服务对象可以针对儿童到成人，即所有的普通居民，提供非专业的图书（包括通俗读物、期刊和参考书籍）、公共信息、互联网的连接及图书馆教育。这类图书馆也会收集与当地地方特色有关的书籍和资讯，并提供社区活动的场所。一个城市图书馆的建设情况对城市居民的学习影响很大。每万人拥有公共图书馆个数是指该地区每一万个常住人口拥有的公共图书馆个数，其计算公式为：

$$每万人拥有公共图书馆数量 = \frac{公共图书馆（个）}{城镇人口数（万人）}$$

4）人均公园绿地面积，公园绿地是城市中向公众开放，以游憩为主要功能，有一定的游憩设施和服务设施，同时兼有健全生态、美化景观、防灾减灾等综合作用的绿化用地。包括综合公园、社区公园、专类公园、带状公园和街旁绿地。其中综合公园、专类公园和带状公园面积之和为公园面积。城镇人均公园绿地面积指城镇公园绿地面积的人均占有量，以平方米/人表示。具体计算时，公共绿地包括：公共人工绿地、天然绿地，以及机关、企事业单位绿地。其计算公式为：

$$人均公园绿地面积 = \frac{公园绿地面积（平方米）}{城镇人口总数（人）}$$

5）建成区绿化覆盖率是指在城市建成区的绿化覆盖率面积占建成区的百分比。绿化覆盖面积是指城市中乔木、灌木、草坪等所有植被的垂直投影面积。

（4）影响指标。

"影响"指系统所处的状态对生态城市建设等的要求与影响，在美丽城市建设的目标下，各利益主体受到了什么样的影响，以及各利益主体对此做出的反应都会影响生态城市的治理。本书通过社会民生来反映目前生态城市建设带来的影响，表现为城镇居民恩格尔系数、城镇登记失业率、城镇人口密度三个指标。

1）城镇居民恩格尔系数，恩格尔系数指食物支出占生活消费总支出的比重。

计算公式为：恩格尔系数 = 食物支出/生活消费总支出 × 100%。恩格尔系数越大，表示生活越贫困；反之，表示生活越富裕。根据国际经验，恩格尔系数60%以上为贫困，50%～60%为温饱，40%～50%为小康，30%～40%为富裕，30%以下为最富裕。本课题探讨的是城市发展概况，因此所引用的指标是城镇居民恩格尔系数，其计算公式为：

$$城镇居民恩格尔系数 = \frac{非农业人口食物支出}{生活消费总支出} \times 100\%$$

2）城镇登记失业率是指城镇登记失业人数同城镇从业人数与城镇登记失业人数之和的比。

$$城镇登记失业率 = \frac{城镇登记失业人数}{城镇从业人数 + 城镇登记失业人数} \times 100\%$$

3）城镇人口密度指生活在城镇范围内的人口稀密的程度。计算公式：城镇人口密度 = 城镇人口/城镇面积。

（5）响应指标

"响应"指为实现生态城市建设而制定、采取的积极有效措施与对策，从而实现经济社会可持续健康发展。本书从治理投资、控制响应两个方面来表现各利益相关者为生态城市建设做出的行为措施，并通过四个指标来反映治理投资和控制响应。

1）环保支出占财政支出比重，指在政府财政支出中对环保的投入支出比重。

2）城市生活垃圾无害化处理率，是指在制造和排放城市生活垃圾的一系列过程中，凭借一定的无害化处理技术实现环境友好、绿色环保的城市生活垃圾量与生活垃圾总量的比值，是城市居住环境和生活条件的衡量标准之一。

3）城市污水处理率，指城市产生的污水经过二级或二级以上的处理技术，或得到其他相当于二级处理的处理设施进行处理，并且能够达到排放标准的生活污水量占建成区污水总量的百分比，反映了城市的环境保护程度和降低水污染能力。

4）工业固体综合利用率，指在企业生产过程中，今年排放的与往年贮藏的所有工业固体废弃物排放量中能被综合利用的量，反映了企业循环利用生产资料、节约能源的能力水平。

第三节　研究方法

一、数据处理方法的选择

1. 无量纲化法的选择

考虑到各项指标数据性质有所不同，统计计量的单位也有所不同，为了得到较为客观的权重，在本书中，指标的客观权重采用熵值法进行计算。其公式为：

1）当指标为正向指标时：$X'_{ij} = \dfrac{X_{ij} - X_{j\min}}{X_{j\max} - X_{j\min}}$

2）当指标为负向指标时：$X'_{ij} = \dfrac{X_{ij\max} - X_{ij}}{X_{j\max} - X_{j\min}}$

3）当指标为适中型指标时：$X'_{ij} = 1 - \dfrac{|X_{ij} - d_i|}{\max |X_{ij} - d_i|}$

其中，d_i 为确定的标准值。

2. 熵值法权重的确定

熵值法是一种客观赋权法，首先利用信息熵计算出各指标的熵权，再通过熵值法修正各指标中不合理的权重，从而得出较为客观的指标权重。其具体步骤如下：

1）一些指标数值标准化处理后进行平移处理：$X'_{ij} = H + X_{ij}$

其中，H 为指标平移的幅度，一般取 1。

2）第 j 项指标的差异系数为：$g_j = 1 - e_j$

3）第 j 项指标的权重为：$\omega_j = \dfrac{g_j}{\sum\limits_{j=1}^{p} g_j}$

二、评价方法

1. TOPSIS 模型

TOPSIS 模型是 Hwang 和 Yoon 于 1981 年首次提出的，它是一种根据有限评价对象与理想化目标的接近程度进行排序的方法，通过计算评价对象的最优值和最劣值来进行排序，当评价对象与最优值最接近同时与最差值最远时则为最优对象，反之为最差。TOPSIS 评价法对原始数据利用较充分，适用于样本量大、分布广的数据。DPSIR 模型的构建评价指标体系运用 TOPSIS 模型进行评价，具体步骤如下：

（1）正理想：$Y^+ = (y_j^+) = Y(\max)$

负理想：$Y^- = (y_j^-) = Y(\min)$

（2）分别计算不同评价对象评价向量到正理想值 S_1、负理想值 S_2 的距离：

$$S^+ = \sqrt{\sum_{j=1}^{30} (y_{1j} - y_j^+)^2}$$

$$S^- = \sqrt{\sum_{j=1}^{30} (y_{1j} - y_j^-)^2}$$

（3）计算各指标的相对贴近度：

$$c_1 = \frac{s_1^-}{s_1^- + s_1^+}$$

同理，计算各年份的相对贴近度与各子系统的贴近度。

S^+ 越小，表明评价指标与正理想解越接近，生态建设状态越好；S^- 越小，表明评价指标与负理想解越接近，生态建设状况越差；C_j 值越大，表明第 j 年生态城市建设水平越高。本书结合 34 个生态城市的实际情况，以等间距的方式依据贴近度 C_j 将生态城市建设状况划分为 4 个评判等级：优（0.6，0.7]、较好（0.5，0.6]、一般（0.4，0.5]、较差为 0.4 及以下。

2. 障碍度模型

在测算出全国 2011 年与 2015 年 34 个生态城市建设水平之后，需要对各项指标做更进一步的分析，识别在生态城市建设中的主要的障碍因素：在这里引入了因子贡献度（D_{ij}）、指标偏离度（E_{ij}）、障碍度 P_{ij} 3 个指标进行指标障碍因子诊断，具体步骤如下：

$$D_{ij} = W_{ij} \times W_i$$

$$E_{ij} = 1 - X'_{ij}$$

$$P_{ij} = \frac{D_{ij} \times E_{ij}}{\sum_{i=1}^{m} (D_{ij} \times E_{ij})} \times 100\%$$

其中，W_{ij} 是第 i 个准则层的第 j 个指标的权重，W_i 是第 j 个指标所在的第 i 个准则层的权重，X_{ij} 是单项指标标准化后的值，障碍度 P_{ij} 是在第 j 年分类指标和单项指标对生态城市建设的障碍度。

3. 耦合协调度模型

耦合度的提出是基于物理学概念，表示两个或两个以上的系统或运动方式之间相互作用彼此相互影响的关系。当各系统要素之间协调配合较好时，耦合度水平较高，反之较低。其步骤如下：

1）运用线性综合加权法计算出生态城市建设综合评价指数：

$$U = \sum_{i=1}^{m} W_{ij}, U_i = (B_i, D_i, E_i, H_i, G_i)$$

其中，B_i、D_i、E_i、H_i、G_i 分别为驱动力子系统、压力子系统、状态子系统、影响子系统与响应子系统综合评价值。

2）借助耦合协调度模型，得到生态城市建设两系统耦合度公式：

$$C = \left\{ \frac{S_1 \times S_2 \times S_3 \times S_4 \times S_5}{\left[\frac{S_1 + S_2 + S_3 + S_4 + S_5}{5} \right]^5} \right\}^k$$

其中，C 为耦合度，当 $C = 1$ 时，表明子系统处于最佳耦合状态；当 $C = 0$ 时，表明系统内部要素朝无序发展。

耦合协调度可反映出各系统间的协调水平，是对耦合度分析的深化，其公式为：$D = \sqrt{C \times T}$

其中，D 为耦合协调度；T 为系统间综合协调指数。

第四章 生态城市建设：
水平评价与比较分析

第一节 调查对象和数据来源

在构建生态城市建设水平指标中涉及的数据主要是统计类数据，其研究年份为2011年和2015年，数据主要来源于《中国统计年鉴》、《中国城市统计年鉴》、《中国城乡建设统计年鉴》、《中国环境统计年鉴》，以及各省、城市统计年鉴、统计公报等。为确保数据的真实性、客观公正性，本书所有指标的口径都与统计局统计标准口径一致。

根据第三章介绍的研究方法，对我国34个城市（4个直辖市、4个经济特区城市、26个省会城市，剔除西藏自治区数据不全，未对我国香港、澳门特别行政区进行分析；由于我国台湾地区数据的齐全，在第六章闽台生态城市比较分析进行体现）指标数据进行标准化处理，应用熵权法计算确定各目标层的权重，并计算出2011年和2015年各地市生态城市建设水平综合评价值。

第二节 我国生态城市建设水平综合评价分析

一、评价结果

通过对原始数据的收集、整理，运用综合评价相关公式，对全国 34 个重点生态城市建设水平进行评价，计算各城市在 2011 年和 2015 年的生态城市建设水平的综合得分，并得出各城市在这两年的排名情况（如表 4 - 1 所示）。

表 4 - 1 2011 年和 2015 年生态城市建设水平评价综合得分及排名

城市	2011 年							2015 年						
	驱动力	压力	状态	影响	响应	综合	排名	驱动力	压力	状态	影响	响应	综合	排名
深圳	0.520	0.954	0.498	0.570	0.966	0.623	6	0.804	0.972	0.294	0.571	0.998	0.661	1
北京	0.654	0.983	0.534	0.759	0.694	0.641	3	0.820	0.860	0.374	0.711	0.932	0.652	2
广州	0.785	0.913	0.422	0.847	0.875	0.660	1	0.844	0.982	0.179	0.601	0.997	0.650	3
南京	0.613	0.713	0.452	0.724	0.778	0.582	11	0.733	0.887	0.253	0.699	0.987	0.637	4
珠海	0.468	0.768	0.936	0.741	0.937	0.645	2	0.575	0.804	0.384	0.672	0.994	0.610	5
厦门	0.694	0.705	0.260	0.690	0.968	0.598	10	0.467	0.815	0.483	0.634	0.988	0.607	6
杭州	0.541	0.883	0.141	0.365	0.983	0.568	16	0.780	0.946	0.136	0.221	0.982	0.598	7
哈尔滨	0.187	0.949	0.165	0.624	0.365	0.510	26	0.199	0.995	0.408	0.491	0.996	0.595	8
济南	0.414	0.926	0.191	0.890	0.942	0.616	8	0.472	0.969	0.098	0.517	0.997	0.595	9
上海	0.579	0.703	0.123	0.733	0.998	0.580	12	0.746	0.473	0.034	0.598	0.982	0.532	10
长沙	0.497	0.932	0.089	0.889	0.992	0.620	7	0.528	0.941	0.034	0.716	0.984	0.591	11
呼和浩特	0.576	0.756	0.519	0.906	0.364	0.569	15	0.640	0.887	0.225	0.826	0.616	0.585	12
沈阳	0.320	0.973	0.356	0.918	0.928	0.633	4	0.168	0.989	0.673	0.185	0.981	0.584	13
海口	0.357	0.795	0.406	0.481	0.919	0.565	18	0.405	0.845	0.144	0.616	0.990	0.583	14
长春	0.203	0.914	0.130	0.985	0.729	0.566	17	0.111	0.900	0.485	0.580	0.997	0.580	15
重庆	0.277	0.755	0.567	0.641	0.910	0.551	19	0.275	0.919	0.347	0.641	0.972	0.578	16
乌鲁木齐	0.350	0.369	0.524	0.551	0.412	0.465	32	0.568	0.836	0.066	0.557	0.961	0.567	17

城市	2011 年							2015 年						
	驱动力	压力	状态	影响	响应	综合	排名	驱动力	压力	状态	影响	响应	综合	排名
成都	0.418	0.967	0.328	0.749	0.972	0.626	5	0.277	0.961	0.122	0.366	0.995	0.565	18
合肥	0.315	0.929	0.403	0.354	0.593	0.534	21	0.309	0.931	0.149	0.453	0.981	0.565	19
福州	0.323	0.907	0.257	0.534	0.984	0.578	13	0.350	0.888	0.108	0.576	0.969	0.564	20
南昌	0.174	0.811	0.209	0.913	0.987	0.571	14	0.263	0.898	0.056	0.740	0.999	0.562	21
郑州	0.254	0.830	0.065	0.660	0.743	0.508	28	0.329	0.931	0.371	0.316	0.949	0.558	22
西安	0.396	0.924	0.076	0.687	0.741	0.547	20	0.182	0.973	0.095	0.482	0.983	0.558	23
武汉	0.363	0.718	0.134	0.306	0.887	0.509	27	0.455	0.905	0.051	0.272	0.995	0.555	24
天津	0.667	0.898	0.141	0.710	0.948	0.613	9	0.475	0.855	0.025	0.445	0.982	0.551	25
石家庄	0.107	0.406	0.563	0.798	0.995	0.529	22	0.108	0.568	0.600	0.755	0.994	0.550	26
兰州	0.244	0.345	0.080	0.082	0.719	0.396	34	0.244	0.829	0.601	0.560	0.587	0.536	27
南宁	0.195	0.618	0.321	0.890	0.293	0.479	31	0.179	0.756	0.223	0.586	0.932	0.536	28
昆明	0.268	0.541	0.495	0.890	0.462	0.516	24	0.271	0.648	0.225	0.904	0.641	0.530	29
贵阳	0.400	0.450	0.267	0.534	0.704	0.484	30	0.447	0.772	0.158	0.481	0.745	0.525	30
汕头	0.074	0.780	0.380	0.437	0.963	0.514	25	0.096	0.844	0.307	0.395	0.976	0.518	31
太原	0.142	0.686	0.202	0.865	0.505	0.496	29	0.320	0.823	0.132	0.641	0.439	0.501	32
银川	0.128	0.325	0.534	0.887	0.948	0.517	23	0.166	0.538	0.383	0.714	0.711	0.496	33
西宁	0.203	0.401	0.279	0.579	0.642	0.451	33	0.256	0.423	0.377	0.546	0.848	0.488	34

资料来源：作者整理。

二、分析与讨论

1. 横向比较分析

由图 4-1 可知，样本期内各城市生态城市建设水平呈上升趋势。从变化趋势来看，2015 年较 2011 年驱动力子系统 S^+ 值呈小幅下降趋势，S^- 数值呈小幅上升趋势，接近理想解。从具体城市来看，杭州、北京、上海等经济水平较高的城市驱动力子系统更为接近理想值。从压力子系统的变化趋势来看，多数城市 S^+ 值 2015 年较 2011 年更为接近理想解，S^- 数值呈同样的变化趋势。唯独北京与上海两城市 2015 年压力子系统较 2011 年分别下降了 0.16% 与 0.14%，出现环境压力增大的情况。从状态子系统、影响子系统 S^+ 数值变化来看，西北部城市状态子系统情况较好，东南沿海城市中厦门市情况较好。影响子系统中，南京、北京城市情况有所变好，其他城市较差。响应子系统中，S^- 变化趋势如同 S^+ 一样趋近于理想解，可见各城市在经济建设中都提高重视城市环境的治理。综上，总体比较来看，压力子系统 > 响应子系统 > 驱动力子系统 > 影响子系统 > 状态子系统。

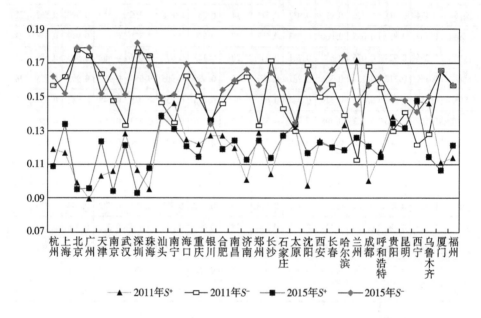

图 4-1　2011 年和 2015 年评价指标距离理想解的变化情况

2. DPSIR 子系统生态环境承载力评价分析

如表 4-1、图 4-1、图 4-2 数据所示，各子系统及各城市总体的生态建设状况如下：

（1）驱动力系统。

2015 年较 2011 年各城市驱动力子系统总体呈现上升趋势，其中上海、北京、南京、深圳等经济发展程度较高的城市驱动力子系统上升比重较大，北京同比增长 23.9%，沈阳、西安、长春等北部城市呈现下滑趋势，西安同比下降 21%。

（2）压力子系统。

2015 年较 2011 年各城市压力子系统总体呈波动式变化，其中北京、上海、天津分别下降了 12.26%、23.1% 与 4.24%，但总体上仍较优于西北、西南等经济水平较低的城市。兰州、贵阳等城市增幅明显，兰州同比增长 48.42%；但从排名上来看，兰州的压力子系统仍低于平均水平，而厦门压力子系统增幅 11.2%。在生态城市建设过程中，特大型城市在解决经济快速增长时产生的环境压力、可持续压力等问题的能力上仍有待提升。相比，一些中等城市生态环境效果较好，如厦门市经济建设与生态文明建设呈现耦合协调发展趋势。统计局统计数据显示，厦门市在"十二五"期间制订了节能减排、控制能耗的目标，在 2015 年超额完成了单位 GDP 能耗降低率达 16.5% 的任务。

（3）状态子系统。

总体上，2015 年较 2011 年各城市状态子系统呈下降走势，其中广州降幅达 24.32%。广州、北京、南京等经济发展较好的城市在城市建设过程中，存在过度侵占环境资源，出现城市空间管理与规划不科学、不规范现象；呼和浩特、太原、贵阳、乌鲁木齐等经济发展较慢的城市由于自身条件不足和社会经济发展等问题约束，其城市生态环境建设较缓慢；反而一些沿海的中等城市状态系统相对较好。如厦门市作为"国家级生态城市"，在绿城建设方面投资力度大于其他城市，每年颁布的"绿化工作方案"均能够按期执行并完成效果较好，《人民日报》曾评价厦门市为我国生态城市建设的"标杆"。

（4）影响子系统。

总体上，2015 年影响子系统出现降幅的城市比重多于出现增幅的城市。其中，降幅较大的仍以长三角、东北部城市为主。近年，国家虽然不断强调环境建设，狠抓空气质量优良率的问题，但在实际中，一些资源型城市由于城市产业结构问题与城市发展历史遗留问题等，使得这些城市解决空气污染、噪声污染等问题上效果并不佳。诸多这些城市出现大气环境中悬浮颗粒较高、二氧化硫污染严重，且城市交通负担增大，噪声污染越发严重等问题。

（5）响应子系统。

总体上，2015 年较 2011 年响应子系统变化趋势较好。但银川、兰州、太原等西北部城市降幅较为明显，降幅比例超过 20%。由于西北部城市经济基础相对较弱，生态机制不太健全且科技水平较低，公众在废弃物综合利用方面的意识较薄弱，难以充分提高固体废弃物的综合利用率。

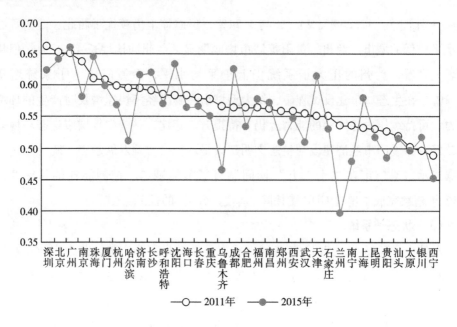

图 4 - 2　2011 和 2015 年生态城市建设水平评价值折线图

（6）生态城市建设水平综合情况。

基于表 4 - 1、图 4 - 3 中 34 个城市 2015 年贴近度值排名和变化趋势，可知我国各大城市 2015 年与 2011 年生态城市建设水平综合情况排名及变化情况。其中，深圳、北京、南京、厦门、杭州等城市排名有所上升，并且这类城市在 2011 年排名就较好于中西部城市；昆明、汕头、西宁、银川、太原等西北部城市 2015 年排名下降，生态建设步伐相对较慢，且两年均位于后列。2011 年我国各城市生态建设划分为四类：第一类生态建设水平为优的城市，如北京、广州、深圳、济南、沈阳等；第二类分布最为广泛，绝大部分城市都在这一层次；乌鲁木齐、兰州、西宁等西北部城市生态建设水平较差，分别聚为第三、第四类。2015 年生态城市建设水平为优的一类中，广东省占了三个城市，厦门与南京晋升为一类，北京保持不变；沈阳、济南等聚至第二类生态建设较好城市之中，乌鲁木齐、太原、兰州等城市生态建设水平有所提高，分别从第三、第四类建设水平进入第二类；银川市为第三类；等等。总体上，2015 年与 2011 年相比，我国各大城市生态建设水平保持稳步前进的态势。

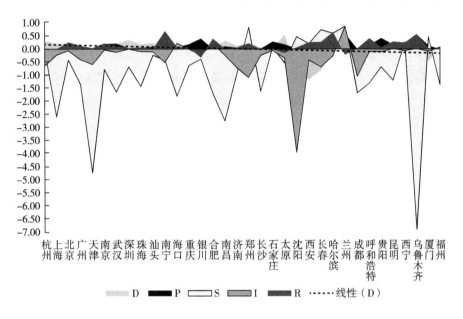

图 4-3 2015 年同比 2011 年各子系统贴近度变化比重

3. 生态城市建设障碍度评价分析

根据障碍度因子诊断法，对全国 34 个城市 2011 年和 2015 年生态建设优化水平进行分类，分别对指标障碍度值进行归纳分析，并列出了出现频率最高的八个指标及相关城市（如表 4-2、表 4-3 所示）。

表 4-2 各指标在城市中出现次数

指标	城市									
空气质量优良率	杭州	深圳								
第三产业增加值占 GDP 比重	杭州	上海	武汉	重庆	合肥	长沙	长春	厦门	天津	南京	珠海
	银川	郑州	沈阳	石家庄						
单位 GDP 工业废水排放量	上海	厦门								
人均公园绿地面积	上海	西安								
单位 GDP 水耗	南京	珠海	南宁	南昌	石家庄					
人均 GDP	汕头	海口	西安	贵阳	南宁	合肥	成都	昆明	西安	哈尔滨
建成区绿化覆盖率	济南	广州	深圳	呼和浩特						
环境支出与财政支出比例	广州	武汉	长沙	成都	福州					

资料来源：作者整理。

从障碍因子出现频率来看，表4-2中的八个指标在2011年与2015年均是高频障碍因子，且分布在多个城市。其中，第三产业增加值占GDP比重与人均GDP值是多个城市的主要障碍因子；空气质量优良率、单位GDP工业废水排放量与人均公园绿地面积等障碍因子均出现在上海、杭州、深圳等经济发展较好的城市。上述八个主要障碍因子分别对应的准则层是驱动力子系统、压力子系统与状态子系统，其中状态子系统障碍因子出现频率最高，可见该系统对东部、中部生态城市建设障碍度影响最大。

表4-3 2011与2015年各指标障碍度值

	2011 年					2015 年				
	P 驱动力	P 压力	P 状态	P 影响	P 响应	P 驱动力	P 压力	P 状态	P 影响	P 响应
厦门	0.317	0.139	0.316	0.182	0.046	0.251	0.434	0.179	0.102	0.034
福州	0.231	0.181	0.235	0.314	0.039	0.387	0.283	0.176	0.130	0.026
杭州	0.231	0.181	0.235	0.314	0.039	0.311	0.298	0.202	0.163	0.026
上海	0.167	0.320	0.317	0.163	0.032	0.271	0.432	0.191	0.096	0.010
北京	0.195	0.181	0.323	0.197	0.104	0.354	0.174	0.191	0.130	0.152
广州	0.218	0.090	0.418	0.250	0.025	0.273	0.328	0.205	0.099	0.096
天津	0.265	0.149	0.343	0.204	0.039	0.292	0.320	0.227	0.122	0.039
南京	0.245	0.194	0.324	0.194	0.043	0.260	0.430	0.133	0.096	0.081
武汉	0.274	0.140	0.324	0.244	0.018	0.295	0.362	0.161	0.132	0.050
深圳	0.237	0.107	0.372	0.268	0.016	0.409	0.210	0.177	0.159	0.045
珠海	0.290	0.213	0.280	0.189	0.029	0.373	0.426	0.053	0.103	0.045
汕头	0.390	0.146	0.216	0.207	0.041	0.422	0.308	0.122	0.119	0.029
南宁	0.336	0.131	0.321	0.188	0.025	0.322	0.377	0.120	0.047	0.134
海口	0.371	0.151	0.250	0.177	0.051	0.385	0.266	0.150	0.140	0.060
重庆	0.316	0.261	0.189	0.127	0.107	0.374	0.375	0.104	0.097	0.050
银川	0.338	0.121	0.289	0.211	0.041	0.323	0.511	0.089	0.047	0.030
合肥	0.357	0.141	0.344	0.147	0.012	0.372	0.237	0.140	0.145	0.106
南昌	0.312	0.103	0.348	0.221	0.016	0.427	0.327	0.172	0.057	0.018
济南	0.322	0.127	0.247	0.247	0.057	0.391	0.286	0.205	0.074	0.044
郑州	0.287	0.124	0.388	0.169	0.031	0.343	0.311	0.177	0.092	0.076
长沙	0.397	0.297	0.167	0.115	0.025	0.392	0.261	0.252	0.077	0.019

	2011 年					2015 年				
	P驱动力	P压力	P状态	P影响	P响应	P驱动力	P压力	P状态	P影响	P响应
石家庄	0.269	0.161	0.244	0.141	0.185	0.347	0.493	0.089	0.064	0.007
太原	0.424	0.063	0.170	0.299	0.044	0.347	0.363	0.136	0.053	0.101
沈阳	0.365	0.078	0.320	0.203	0.035	0.477	0.200	0.195	0.076	0.053
西安	0.439	0.121	0.223	0.198	0.019	0.346	0.255	0.218	0.100	0.080
长春	0.424	0.046	0.273	0.239	0.018	0.429	0.261	0.197	0.024	0.090
哈尔滨	0.332	0.178	0.160	0.173	0.157	0.396	0.183	0.173	0.103	0.145
兰州	0.337	0.089	0.320	0.232	0.022	0.254	0.439	0.125	0.132	0.050
成都	0.248	0.140	0.306	0.133	0.173	0.433	0.214	0.202	0.119	0.032
呼和浩特	0.258	0.187	0.260	0.185	0.110	0.283	0.379	0.126	0.053	0.159
贵阳	0.424	0.046	0.273	0.239	0.018	0.259	0.462	0.120	0.091	0.069
昆明	0.292	0.300	0.188	0.150	0.071	0.308	0.443	0.102	0.040	0.108
西宁	0.270	0.272	0.717	1.111	1.755	0.300	0.448	0.106	0.078	0.069
乌鲁木齐	0.322	0.209	0.239	0.191	0.039	0.253	0.482	0.085	0.082	0.098

资料来源：作者整理。

　　表4-3体现了在样本期内我国城市各子系统2011年与2015年障碍度值，具体变化如图4-4、图4-5、图4-6所示。从具体数值和总体变化趋势来看，我国各城市的状态子系统与影响子系统呈下降趋势；驱动力子系统、响应子系统、压力子系统处在波动中上升。相比而言，2011年，驱动力子系统与状态子系统的障碍度较高，2015年驱动力子系统与压力子系统障碍度较高；杭州、上海、北京、广州、天津等城市的压力子系统涨幅较大，部分城市的响应子系统障碍度数值有所上涨但涨幅不明显，如厦门、福州、上海等。虽然状态子系统与影响子系统障碍度比有所下降，但2011年与2015年状态子系统均是主要障碍因素，总体上响应子系统与影响子系统障碍度值影响指数较不明显。从排名来看，2011年，驱动力子系统＞状态子系统＞压力子系统＞影响子系统＞响应子系统；2015年，压力子系统＞驱动力子系统＞状态子系统＞影响子系统＞响应子系统。

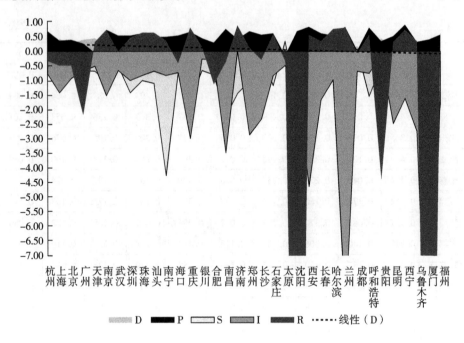

图 4 - 4　2015 年同比 2011 年各子系统障碍度值比重变化

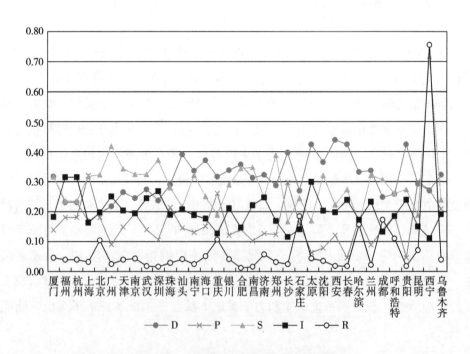

图 4 - 5　2011 年各子系统障碍度值变化

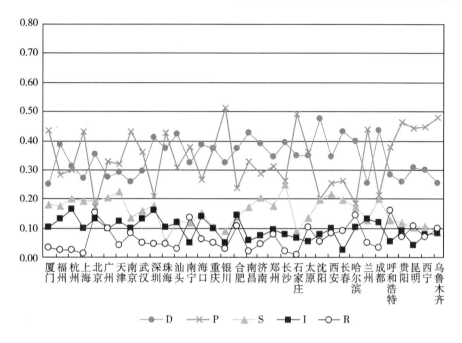

图 4 - 6　2015 年各子系统障碍度值变化

因此，新阶段我国各城市要提高生态城市建设水平应从状态子系统、压力子系统与驱动力子系统分别入手，同时兼顾其他两类因子系统，同步推进，全面提高，共同为提高生态建设发挥作用。

4. 耦合协调度分布的空间变化

从耦合协调度的分布变化来看，耦合协调度高值省份较稳定地分布在珠三角与长三角地区。2011 年，北京、广州、珠海、深圳等城市耦合协调度处于较高的城市前列，厦门、南京等城市紧随其后。其中，北京、广州、深圳主要依靠在驱动力和压力子系统建设上的优势，厦门和南京在状态与影响子系统建设上处于领先地位。2011 年的耦合协调度较低的城市主要集中在中西部省份，如兰州、西宁、乌鲁木齐、贵阳等，共同特点是整体水平较低，缺少具有明显优势的系统；东北部省份各系统建设协调度较低，均处于中等水平。在五年的经济建设期，东部地区的驱动力子系统和状态子系统建设整体上具有较大的提升，如杭州、南京等城市建设速度比其他地区快，使得这些城市的耦合协调度处于较好状态并保持前列。但是，综合评价分析结果显示，东部地区状态子系统建设相对较差，一些城市出现倒退现象。总体上，2015 年与 2011 年相比，东部城市协调度变化不明显。在经济快速发展的背景下，西部地区由于经济发展速度较慢与自身条件有限，2011 年整体的耦合协调度处于中度失调，2015 年略有好转。整体上，"经济新常态"下中西部的耦合协调度在 2015 年有所提升（如图 4-7 所示）。

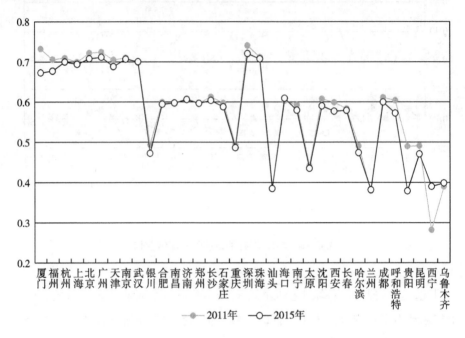

图 4-7 2011 年与 2015 年耦合协调度

5. 生态城市建设格局演变

基于 SPSS 软件，对驱动力子系统、压力子系统、状态子系统、影响子系统协调度得分进行系统聚类分析，2011 年与 2015 年截面数据均较好地得到了五大类聚类结果。数据的实际情况显示，2011 年的数据中，第一类城市分别为合肥、西安、石家庄、南昌等，以海口为代表的类型中状态子系统与影响子系统得分相比其他系统更为突出，协调度较低；第二类城市以上海、深圳为代表的类型中驱动力子系统得分较高，但压力子系统得分较低，总体协调度较高；第三类城市为汕头、乌鲁木齐、兰州，五个子系统得分均不佳且协调度较差；第四类城市为银川、重庆、哈尔滨、昆明、贵阳、太原；第五类城市仅有西宁。

在 2015 年的数据中，我国 34 个生态城市聚类情况发生了小幅变化，前四类基本保持不变，第五类的西宁进驻到第三类，失调度有所减缓。福州、杭州等城市由中度协调变为轻度协调，协调程度有所下降；深圳、珠海、广州依旧保持中度协调程度；其余城市变化不大。

三、小结与思考

基于 DPSIR 模型构建的生态城市建设水平评价指标体系，本节运用 TOPSIS 模型进行了综合评价分析，并引入障碍度模型对生态城市建设中障碍因素进行了诊断，最后利用耦合协调度及聚类法对生态城市建设水平进行归类。研究结果表明：

第一，目前，我国生态城市建设离高水平协调发展的目标仍有较大差距。耦合协调度最高的北京、上海、广州、深圳等城市的五个子系统之间的协调度较高，处于良好水平协调状态。根据综合评价结果分析，总体上我国各地区生态城市建设过程中，其状态系统子系统与影响子系统建设相对缓慢，尤其是中部地区这个现象比较明显。各个城市应该根据自身发展情况，不同城市的发展情况不一致，对相应的各个系统提升建设需要有所侧重。比如西北部地区应从驱动力子系统着手，发展过程中注意资源环境压力与人均绿色拥有量等问题，做到与响应子系统的有效协调。

第二，生态城市建设的各子系统是一个相互紧密联系的整体，对于评价指标的构建应充分考虑生态城市建设的综合性，对评价方法的选择应充分考虑各城市之间的差异性。从综合评价结果来看，各生态城市建设的总体状况稳步上升，协调度趋于良好。从贴近度评价值来看，我国经济发展较好的城市驱动力子系统与压力子系统情况较高，而经济水平较弱地区两者子系统发展水平均较差。从障碍度值变化来看，驱动力子系统与压力子系统是西部与北部地区生态城市建设起步的主要障碍因子，状态子系统是中部与东部生态城市提升的主要障碍因子。从引入模型的数据的变化来看，我国珠三角与长三角地区生态城市建设水平较高，西北与西南部城市建设水平较低。

第三，新常态下，各子系统的建设程度对生态城市建设的推动作用日益重要，北京、广州、深圳在 2011 年与 2015 年耦合协调度一直保持较为稳定地位的重要原因就是其驱动力子系统、影响子系统与响应子系统优势稳固。随着生态城市建设的推进，压力子系统与状态子系统是各市生态文明建设都应注重的基本点，而驱动力子系统将成为我国各生态城市建设的关键点。

第四，本书在评价方法与指标构建上进行了相应的改进，在具体指标构建与选取上基于因果客观模型，对可查询、可量化的指标进行筛选与分析。评价结果基本符合我国各生态城市建设的实际，对于提高我国生态城市建设有一定的参考意义。根据以上分析结果可知，提高生态城市建设水平还需要多方面努力，例如，西北部地区面临资源环境劣势、经济水平较低的问题，政府应加大对环保、新能源的投资，加大产业转型，发展低碳经济，推广清洁能源等；东部、中部面临人均绿色拥有量较少、环境压力较大的问题，政府应加大对城市环境基础设施建设的投资，增加自然保护区面积和人均土地、森林等资源的保有量，增加生态空间；等等。我国各区域在生态城市建设中面临困境不同，但总体建设目标都是满足人们对美好生活的需要，实现城市的可持续发展。

第五，全面、科学、系统、客观的评价方法是生态城市建设评价的基础和保障。本书基于 DPSIR 概念模型构建评价指标体系，引入贴近度、障碍度、耦合协调度模型进行实证研究，虽然在研究结果上保障了所选指标对整体指标的代表性，所选方法相比其他方法也较为全面，但在具体的指标选取上仍容易受到数据的干扰，在数理方法与模型构建上仍有待挖掘。虽然本研究的指标选取较适合于生态城市建设评价，引入的模型较全面地分析了我国生态城市建设水平与空间格局的分布情况，但在具体分析生态城市建设评价指标体系中城市发展与环境状况的相关性、未来生态城市建设的发展趋势及生态城市建设对生态文明建设的推动作用仍有待研究。

第三节　福建省生态城市建设水平评价实证分析

一、省域层面生态城市建设水平评价结果

福建省自 2002 年成为首批全国生态建设试点省份以来，在生态文明建设方面取得了较好成效。2014 年成为全国第一批省域生态文明建设示范区，2016 年

成为全国第一个国家生态文明建设试验区。基于上文描述中数据标准化和权重计算方法，求出福建省 2010～2015 年各指标评价值，再根据综合加权平均，求出各维度的评价值，最终求出综合评价值。

1. 驱动力子系统方面

如表 4-4、图 4-8 所示，2010～2015 年福建省生态城市建设取得了巨大的成果。从总体变化趋势来看，2010～2015 年福建省生态城市建设评价值保持上升，六年来增长了近 0.03 分。除 2010～2011 年的增长速度较慢外，其余年份增长幅度均比较大，尤其是 2011 年、2012 年这两年上升的速度最快，增速达 13%。

表 4-4 福建省 2010～2015 年生态城市建设水平评价值

	2010 年	2011 年	2012 年	2013 年	2014 年	2015 年
驱动力	0.0141	0.0144	0.0153	0.0156	0.0161	0.0173
压力	0.0284	0.0296	0.0323	0.0320	0.0321	0.0342
状态	0.0103	0.0120	0.0138	0.0151	0.0152	0.0162
影响	0.0169	0.0176	0.0196	0.0251	0.0268	0.0278
响应	0.0214	0.0187	0.0232	0.0231	0.0236	0.0240
综合	0.0911	0.0923	0.1043	0.1109	0.1139	0.1196

资料来源：作者整理。

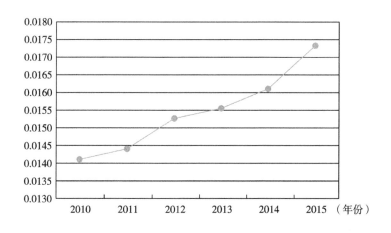

图 4-8 福建 2010～2015 年生态城市建设驱动力子系统评价值

六年来，福建省驱动力子系统评价值逐年上升，其中2011~2012年、2014~2015年这两阶段增速最快。在经济发展方面，经济子系统的评价值逐年上升，其中2011~2012年增幅最大，为7%左右，其余年份均呈3%左右的增幅。虽然六间年经济发展方面的评价值涨幅不大，但是横比全国的经济高压状态，福建省经济实属乐观。从各指标数据来看，福建省GDP年增长率2010~2015年逐年下降，从2010年的13.9%下降至2014年的9%，但这并不意味着福建省经济发展不好，相较其他省份，福建省经济增速快于他省；城镇居民人均可支配收入逐年上升，2010~2015年，福建城镇居民人均可支配收入增加了一万多元。绿色经济发展综合评价值逐年上升，2014~2015年增长近16%。从各指标来看，高新技术产业近几年发展势头良好，总产值占GDP比重逐年上升，由2010年的12.4%上升至15.22%，虽有所进步，但相比上海、北京等发达地区仍有较大的进步空间。近六年来，第三产业增加值占GDP比重变化幅度并不明显，基本保持在40%的状态，说明福建的第三产业发展进步趋势不显著。福建省要想进一步提升生态城市质量，需要发展绿色经济、优化产业结构。

2. 压力子系统方面

如图4-9所示，福建省压力评价值总体上升，但是涨幅并不明显；其中2010~2011年有小幅上升，其余年份均有较大幅度的上升。六年来，能源消耗下的三个子指标都逐年下降。在污染排放方面，虽然每年上升的幅度不大，大约在3%左右；但综合评价值是逐年上升。其三个子指标除单位GDP二氧化硫逐年上升外，其余两个指标均呈波动性增长，尤其是单位GDP一般工业固体废弃物产生量波动性比较大，2011年较2010年有所下降，2011~2013年又呈上升状态，随后的两年又逐渐下降。

3. 状态子系统方面

如图4-10所示，福建省状态综合评价值几乎呈直线型增长趋势。除2013~2014年进步速度有所放缓外，其余年份的增长幅度均在10%左右，2011~2012年高达16%。公共设施方面的评价值每年均有所上升，2011~2013年这两年增长幅度最大，分别以12%和18%的速度增长。每万人拥有卫生机构床位数由2010年的30.42张/万人增长至2015年的45.12张/万人，2010年每万人拥有公交车数量5.65标台/万人，至2015年已达7.82标台/万人，可见福建省医疗卫

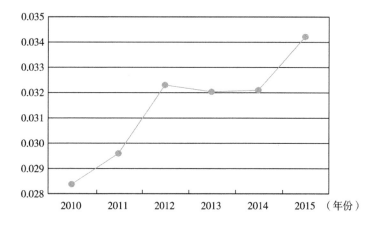

图 4 – 9 2010~2015 年福建省生态城市建设压力子系统评价值

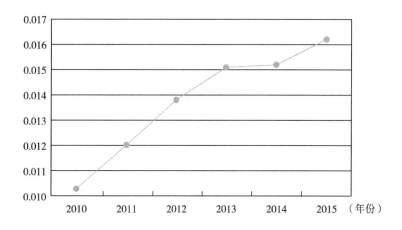

图 4 – 10 2010~2015 年福建省生态城市建设状态子系统评价值

生条件越来越好，交通便利条件越来越高。由于图书馆建设成本高、上升空间小，所以每万人拥有公共图书馆数量六年中几乎无变化。生态状况进步也不稳定，2012~2014 年还有小幅度的下降，不过六年中的前两年进步幅度很大，均以 16% 的速度增长。从各指标来看，人均公园绿地面积逐年增加，从 2010 年的10.99 平方米/人上升至 2015 年的 12.98 平方米/人；建成区绿化覆盖率也逐年增加，六年来覆盖率提高了 2%；空气质量优良率呈波动性变化，但变化幅度均不是很大，六年来保持在 99% 左右。

4. 影响子系统方面

如图 4-11 所示，综合评价值逐年增长，2012～2013 年上升了近 30%。其中，社会民生方面评价值呈波动性变化，2012～2013 年上升 38%，其余年份均有所下降，2011 年较 2010 年下降 25%。从各指标来看，城镇居民恩格尔系数前三年保持在 39% 的水平，后三年保持在 32% 的水平；居民就业压力较小，城镇登记失业率虽呈波动性变化，但是变化幅度较小，均保持在 3% 左右，且城镇人口密度逐年增长，由 2290 人/平方千米上升至 2704 人/平方千米，人口与土地的矛盾越来越突出。在公众参与方面，评价值逐年上升，尤其是 2014 年较 2011 年上升了 148%，上升幅度非常大；其余年份也在 20% 左右的速度增长。从各指标数据来看，申请政府信息公开数虽不是逐年上升，但六年来也增长了近 5000 件，增长幅度非常大，而环境信访投诉结案率均保持在 99% 左右。

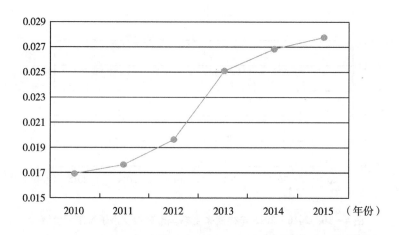

图 4-11 2010～2015 年福建省生态城市建设影响子系统评价值

5. 响应子系统方面

如图 4-12 所示，综合评价值总体上呈上升趋势、波动性变化。2011 年较 2010 年下降近 13%，而 2013 年较 2012 年又上升了近 25%，至 2012 年后，评价值虽有上升或下降，但是变化幅度均不是很大。投资治理方面的评价值呈波动性变化，且变化的幅度都比较大，除 2012～2013 年、2014～2015 年上升外，其余年份均有所下降，2010～2011 年下降幅度最大。从各指标来看，环境支出占财政支出比例波动性较大，所占比例大约集中在 2%，而 R&D 经费内部支出占 GDP 比重则逐年上升，从 2010 年的 1.16% 上升至 2015 年的 1.51%，上升幅度较小。

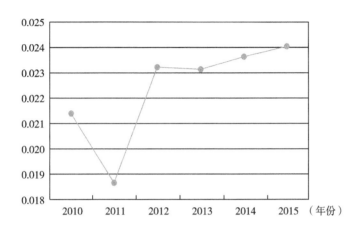

图 4 - 12　2010 ~ 2015 年福建省生态城市建设响应子系统评价值

控制响应方面，六年中，2011 年和 2013 年下降外，其余年份均有所上升，但进步空间小，2014 年较 2013 年相比仅上升 0.08%。从各指标来看，三个子指标除城市污水处理率逐年上升外，其他两个指标都呈波动性变化，城市生活垃圾无害化处理率由 2010 年的 92% 上升至 99.2%，进步较大，而工业固体综合利用率近几年进步不是很大，虽然 2012 ~ 2014 年综合利用率达到 88% 左右，但是在 2015 年又下降至 76%。

二、市级层面生态城市建设水平评价结果

福建生态城市建设与九个地市的发展息息相关，有赖于各个市级层面的共同发展进步。省域层面的进步是市域层面建设成果的集中体现，各个市的建设水平直接影响着福建省的总体治理成效。自实施生态文明建设以来，福建省各市不断强化对生态文明建设的重视程度，贯彻落实了美丽城市、宜居城市、绿色城市、生态文明城市等城市规划建设，为促进生态文明建设做出努力。同样，福建省生态文明的建设，也驱动着美丽城市的发展。在构建评价指标体系的基础上，用熵

权法对各个指标进行赋权后，使用加权求和法对九市生态建设水平分别进行综合评价比较，并从横向和纵向进一步进行评价。

1. 九地市生态城市建设综合比较分析

表4-5　福建九地市2010～2015年生态建设综合评价值

	驱动力		压力		状态		影响		响应		综合	
福州	0.0196	2	0.0330	1	0.0126	6	0.0210	7	0.0249	2	0.1111	2
厦门	0.0290	1	0.0281	7	0.0176	2	0.0171	9	0.0303	1	0.1221	1
莆田	0.0120	5	0.0299	4	0.0115	7	0.0224	4	0.0214	6	0.0971	5
三明	0.0113	7	0.0240	9	0.0172	3	0.0236	2	0.0210	7	0.0971	6
泉州	0.0154	3	0.0309	2	0.0097	9	0.0254	1	0.0230	4	0.1045	3
漳州	0.0124	4	0.0295	5	0.0113	8	0.0201	8	0.0243	3	0.0977	4
南平	0.0083	9	0.0283	6	0.0178	1	0.0210	6	0.0205	8	0.0959	8
龙岩	0.0113	6	0.0254	8	0.0146	4	0.0235	3	0.0221	5	0.0969	7
宁德	0.0095	8	0.0308	3	0.0142	5	0.0211	5	0.0177	9	0.0934	9

资料来源：作者整理。

在综合排名中，厦门的生态城市建设水平排第一，其次为福州、泉州，宁德的综合水平最差，处于倒数第一名。从各个子系统来看，驱动力方面，厦门、福州、泉州同样位于前三甲，后三名有所调整，变为三明、宁德、南平。压力方面，评价值前三名分别是福州、泉州、宁德，而厦门则位于第七，可能是由于厦门经济发达，能源消耗和污染排放较大。状态方面，福州评价值处于第六，说明福州目前的公共设施和生态状况还不是十分理想。在影响子系统上，厦门、福州两地的表现都不是十分理想，分别处于第九、第七，泉州名列第一，为九地市中表现最好的。福州、厦门、漳州对生态城市建设的响应方面做得很好，三明、南平、宁德在应对生态城市建设方面还不够积极。

2. 九地市生态城市建设横向比较分析

（1）2010年福建九地市生态城市建设。

如表4-6所示，2010年福建九地市的生态城市建设水平从总体上来说相差不是很大，前三名泉州、厦门、福州都达到0.08分以上，最差的三明也达到

0.0668 分，其余地市除南平外均在 0.07 分以上。从各子系统来看，驱动力方面，厦门、福州、泉州仍然位于前三甲，最差的为南平；压力方面，厦门的评价值位于第六，处九地市中的下游水平，福州处于第一，宁德位列第三；状态方面，南平则获得了第一名的好成绩，而泉州最差，位列第九；影响子系统上，福州排第九，泉州排第一，龙岩第二；而响应子系统方面，泉州和龙岩仍然占据第一、第二，福州、厦门则分别位于第七和第九。

表4-6 2010年福建九地市生态城市建设评价值

	驱动力		压力		状态		影响		响应		综合	
福州	0.0173	2	0.0305	1	0.0117	4	0.0142	9	0.0078	7	0.0815	3
厦门	0.0270	1	0.0254	6	0.0142	2	0.0149	8	0.0026	9	0.0842	2
莆田	0.0104	5	0.0276	4	0.0084	8	0.0200	4	0.0099	3	0.0763	5
三明	0.0101	7	0.0153	9	0.0106	6	0.0215	3	0.0093	4	0.0668	9
泉州	0.0126	3	0.0302	2	0.0078	9	0.0251	1	0.0120	1	0.0876	1
漳州	0.0110	4	0.0261	5	0.0086	7	0.0187	6	0.0082	6	0.0725	7
南平	0.0067	9	0.0212	7	0.0152	1	0.0179	7	0.0066	8	0.0677	8
龙岩	0.0102	6	0.0179	8	0.0123	3	0.0222	2	0.0107	2	0.0733	6
宁德	0.0094	8	0.0292	3	0.0109	5	0.0191	5	0.0090	5	0.0777	4

资料来源：作者整理。

（2）2011 年福建九地市生态城市建设。

与 2010 年相似，2011 年福建九地市的生态城市建设评价值排在前三名的仍然是厦门、福州和泉州（见表 4-7）。总评价值相对于 2010 年有所上升，福州和厦门已达 0.09 分以上，各地市评价值也已达 0.07 分以上，其中 0.08 分以上的占总数的 2/3。从各子系统来看，驱动力方面，排在前三名的依然是厦门、福州和泉州，南平、龙岩、宁德处于后三名；福州位于压力评价值的第一名，厦门为第五名，而最后一名仍为三明；状态子系统方面，厦门为第一名，泉州为第九名；影响方面，与 2010 年的排名差不多，福州和厦门为第八名和第九名；莆田在响应方面做得最好，南平表现最差。

表4－7　2011年福建九地市生态城市建设评价值

	驱动力		压力		状态		影响		响应		综合	
福州	0.0180	2	0.0315	1	0.0128	5	0.0181	8	0.0100	4	0.0903	2
厦门	0.0294	1	0.0274	5	0.0168	1	0.0166	9	0.0079	8	0.0982	1
莆田	0.0118	6	0.0296	3	0.0110	7	0.0201	4	0.0125	1	0.0850	4
三明	0.0122	5	0.0217	9	0.0123	6	0.0223	3	0.0086	7	0.0770	7
泉州	0.0149	3	0.0304	2	0.0087	9	0.0226	2	0.0112	3	0.0877	3
漳州	0.0123	4	0.0250	7	0.0088	8	0.0189	6	0.0116	2	0.0766	8
南平	0.0081	9	0.0244	8	0.0146	2	0.0186	7	0.0077	9	0.0734	9
龙岩	0.0103	7	0.0259	6	0.0138	4	0.0234	1	0.0094	5	0.0828	5
宁德	0.0101	8	0.0283	4	0.0140	3	0.0195	5	0.0086	6	0.0806	6

资料来源：作者整理。

（3）2012年福建九地市生态城市建设。

如表4－8所示，2012年排在第一名的为厦门，其次为福州，后三名变为漳州、龙岩和南平。2012年九地市综合评价值均达到0.08分以上，其中福州、厦门、泉州三地达到0.09分以上。在驱动力方面，厦门依然处于第一名，福州、泉州紧随其后，龙岩、宁德、南平仍占据倒数第三；压力方面，福州保持第一名，厦门有所退步，名列第七，宁德取得第二名的好成绩；状态方面，前三名被厦门、南平和三明占据；厦门和福州在影响方面的评价值依然不容乐观，位于第八、第九名，泉州名列第一；在响应方面，厦门情况不容乐观，排名第九，而宁德市反而较好，取得第一名的好成绩。

表4－8　2012年福建九地市生态城市建设评价值

	驱动力		压力		状态		影响		响应		综合	
福州	0.0193	2	0.0341	1	0.0145	6	0.0158	9	0.0099	4	0.0936	2
厦门	0.0294	1	0.0285	7	0.0180	1	0.0160	8	0.0068	9	0.0988	1
莆田	0.0120	5	0.0316	4	0.0116	7	0.0215	4	0.0115	2	0.0882	5
三明	0.0118	6	0.0245	9	0.0172	2	0.0233	2	0.0087	7	0.0854	6
泉州	0.0160	3	0.0314	5	0.0107	8	0.0235	1	0.0113	3	0.0929	3
漳州	0.0120	4	0.0316	3	0.0105	9	0.0193	6	0.0088	6	0.0821	9
南平	0.0080	9	0.0300	6	0.0179	3	0.0185	7	0.0098	5	0.0842	7
龙岩	0.0110	7	0.0245	8	0.0158	4	0.0231	3	0.0083	8	0.0828	8
宁德	0.0090	8	0.0340	2	0.0154	5	0.0195	5	0.0118	1	0.0898	4

资料来源：作者整理。

（4）2013 年福建九地市生态城市建设。

2013 年福建九地市综合评价达到 0.09 分以上的有四个，分别是福州、厦门、三明和泉州，三明首次进入前三名（见表 4 - 9）。与前几年一样，驱动力方面的评价值前三名依然是厦门、福州以及泉州；压力方面福州保持第一名，厦门与 2012 年一样，名列第七；状态子系统评价值前三名分别是三明、龙岩和南平，而泉州倒数第一；影响方面，厦门排名依然不乐观，名列第九，泉州排名第一，而宁德则位列第二；厦门在响应方面做得同样也不是很好，排名最后，第一名是莆田，从前几年的情况来看，莆田在响应方面的评价值一直位于九地市的前三名。

表 4 - 9 2013 年福建九地市生态城市建设评价值

	驱动力		压力		状态		影响		响应		综合	
福州	0.0205	2	0.0329	1	0.0120	8	0.0240	3	0.0084	6	0.0979	1
厦门	0.0289	1	0.0283	7	0.0140	5	0.0177	9	0.0068	9	0.0957	2
莆田	0.0124	4	0.0296	6	0.0122	7	0.0220	7	0.0118	1	0.0880	7
三明	0.0118	7	0.0256	8	0.0235	1	0.0234	5	0.0087	5	0.0931	3
泉州	0.0167	3	0.0313	2	0.0109	9	0.0246	1	0.0092	3	0.0926	4
漳州	0.0121	5	0.0304	5	0.0126	6	0.0201	8	0.0095	2	0.0847	9
南平	0.0091	9	0.0305	4	0.0196	2	0.0226	6	0.0076	7	0.0893	6
龙岩	0.0120	6	0.0244	9	0.0173	3	0.0240	4	0.0070	8	0.0848	8
宁德	0.0100	8	0.0308	3	0.0161	4	0.0242	2	0.0092	4	0.0903	5

资料来源：作者整理。

（5）2014 年福建九地市生态城市建设。

如表 4 - 10 所示，2014 年绝大部分地市的综合评价值已达 0.09 以上，其中厦门高达 0.1 分，依然保持在第一，最差的龙岩也有 0.084 分，而泉州首次跌落至第五名，前三名分别为厦门、福州和莆田。宁德、漳州和龙岩处于下游。从各子系统来看，驱动力与前几年一样，前三名分别是厦门、福州和泉州；压力方面，福州稳列第一，三明倒数第一；状态方面，厦门位居第一名，福州保持在中下游，名列第八，泉州为第九名，南平长居第二；影响方面，前三名为泉州、福州和莆田，厦门则依然位于第九名；响应方面，厦门取得巨大进步，位于第一，福州没有太大进步，位于第八名，宁德和莆田则分别位列第二和第三。

表 4 – 10　2014 年福建九地市生态城市建设评价值

	驱动力		压力		状态		影响		响应		综合	
福州	0.0201	2	0.0340	1	0.0109	8	0.0267	2	0.0078	8	0.0994	2
厦门	0.0299	1	0.0286	8	0.0206	1	0.0192	9	0.0113	1	0.1095	1
莆田	0.0122	5	0.0311	3	0.0133	7	0.0257	3	0.0100	3	0.0923	3
三明	0.0108	7	0.0265	9	0.0189	3	0.0257	4	0.0085	6	0.0904	6
泉州	0.0161	3	0.0295	5	0.0084	9	0.0288	1	0.0085	5	0.0912	5
漳州	0.0125	4	0.0293	6	0.0137	6	0.0220	8	0.0091	4	0.0867	8
南平	0.0084	9	0.0315	2	0.0195	2	0.0240	6	0.0080	7	0.0913	4
龙岩	0.0114	6	0.0292	7	0.0142	4	0.0239	7	0.0053	9	0.0840	9
宁德	0.0089	8	0.0302	4	0.0141	5	0.0249	5	0.0104	2	0.0885	7

资料来源：作者整理。

（6）2015 年福建九地市生态城市建设。

如表 4 – 11 所示，2015 年各地市的综合评价值均取得较大进步，九个地市中有两个达到 0.1 分以上，六个地市达到 0.09 分以上，仅宁德没有达到。泉州重新回到第三名，第一、第二依然是厦门和福州，莆田跌落至第七名。从各子系统来看，驱动力方面，厦门、福州和泉州稳居前三名；压力方面后三名为三明、莆田和厦门，厦门依然位于倒数第一名，而漳州取得第二名的好成绩；厦门在状态方面评价值取得好成绩，位于榜首，三明、南平紧随其后，泉州则位于倒数第一；泉州在影响评价值方面位于九地市榜首，厦门倒数第一；响应方面，前三名分别为莆田、三明和南平，厦门表现依然不佳，排在最后一名。

表 4 – 11　2015 年福建九地市生态城市建设评价值

	驱动力		压力		状态		影响		响应		综合	
福州	0.0223	2	0.0353	1	0.0140	6	0.0270	2	0.0090	5	0.1076	1
厦门	0.0295	1	0.0303	9	0.0218	1	0.0182	9	0.0026	9	0.1024	2
莆田	0.0132	5	0.0303	8	0.0123	8	0.0249	4	0.0106	1	0.0914	7
三明	0.0112	7	0.0306	7	0.0206	2	0.0254	3	0.0086	7	0.0965	4
泉州	0.0162	3	0.0329	3	0.0117	9	0.0281	1	0.0103	2	0.0992	3
漳州	0.0148	4	0.0342	2	0.0138	7	0.0219	7	0.0086	8	0.0933	6
南平	0.0096	9	0.0324	4	0.0199	3	0.0244	5	0.0100	3	0.0963	5
龙岩	0.0129	6	0.0307	6	0.0142	5	0.0241	6	0.0091	4	0.0911	8
宁德	0.0097	8	0.0321	5	0.0148	4	0.0193	8	0.0088	6	0.0847	9

资料来源：作者整理。

3. 九地市生态城市建设纵向比较分析

对九地市进行横向比较是通过比较九地市之间生态城市建设的情况，而对九地市进行纵向比较是想了解各地市相对于自身而言是否有进步。

（1）福州市生态城市建设情况。

如表4－12、图4－13所示，2010～2015年福州生态城市建设综合评价值逐年上升，从2010年的0.097分上升至2015年的0.124分，增长近30%。从各子系统来看，驱动力评价值总体上处于上升趋势，除2013～2014年有所下降外，其余年份均有所上升，2011～2014年呈匀速上升，六年中2015年进步最明显，较2014年上升了11.19%；压力评价值也呈上升趋势，除2012～2013年下降外，其余年份均呈上升状态，其中2011～2012年上升幅度最大，为8.3%，其余年份进步速度差不多，均在3%左右。

表4－12 2010～2015年福州生态城市建设评价值

年份	驱动力	排名	压力	排名	状态	排名	影响	排名	响应	排名	综合	排名
2010	0.0173	6	0.0305	6	0.0117	5	0.0142	6	0.0234	5	0.0971	6
2011	0.0180	5	0.0315	5	0.0128	3	0.0181	4	0.0260	2	0.1063	5
2012	0.0193	4	0.0341	2	0.0145	1	0.0158	5	0.0260	3	0.1096	4
2013	0.0205	2	0.0329	4	0.0120	4	0.0240	3	0.0226	6	0.1121	3
2014	0.0201	3	0.0340	3	0.0109	6	0.0267	2	0.0262	1	0.1177	2
2015	0.0223	1	0.0353	1	0.0140	2	0.0270	1	0.0254	4	0.1239	1

资料来源：作者整理。

（2）厦门市生态城市建设情况。

如表4－13、图4－14所示，2010～2015年厦门生态城市建设综合评价值并没有逐年上升，在2012～2013年，综合评价值出现较小幅度的下降，其余年份均有所上升，并且增速均在5%左右。从各个子系统来看，驱动力方面呈波动性变化，六年中除了2010～2011年和2013～2014年上升外，其中2010～2011年增幅很大，增速达到近9%，而其余年份均呈下降的状态，但下降的幅度都不是很大，下降最大的年份为2012～2013年，下降了1.84%。这六年来，厦门在生态城市建设在压力方面的评价值呈上升的趋势，除2012～2013年有0.7%的下降外，其余年份均有所上涨，其中2010～2011年增幅最大，达到7.72%，而增幅

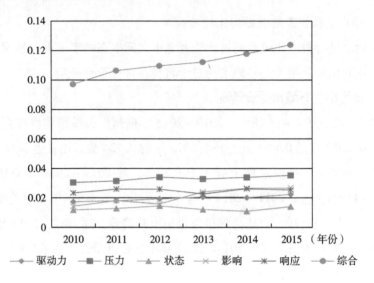

图 4 – 13　2010 ~ 2015 年福州生态城市建设评价值

表 4 – 13　2010 ~ 2015 年厦门生态城市建设评价值

年份	驱动力	排名	压力	排名	状态	排名	影响	排名	响应	排名	综合	排名
2010	0.0270	6	0.0254	6	0.0142	5	0.0149	6	0.0306	3	0.1122	6
2011	0.0294	3	0.0274	5	0.0168	4	0.0166	4	0.0281	6	0.1183	5
2012	0.0294	4	0.0285	3	0.0180	3	0.0160	5	0.0315	2	0.1234	3
2013	0.0289	5	0.0283	4	0.0140	6	0.0177	3	0.0298	4	0.1186	4
2014	0.0299	1	0.0286	2	0.0206	2	0.0192	1	0.0283	5	0.1264	2
2015	0.0295	2	0.0303	1	0.0218	1	0.0182	2	0.0338	1	0.1336	1

资料来源：作者整理。

最小的为 2013 ~ 2014 年，仅 0.9%，其余两年增幅也达到 5% 左右。在状态方面，评价值变化幅度比较大，增幅最高的年份为 2013 ~ 2014 年，高达 47.48%，而下降幅度最大的年份为 2012 ~ 2013 年，下降了 22.45%，除这一年是下降的外，其余年份均呈上升状态。影响方面的评价值同样呈现的是波动性变化，其中 2010 ~ 2011 年、2012 ~ 2014 年为正的增长，而 2011 ~ 2012 和 2014 ~ 2015 年为负的增长，增长的速度差不多，在 10% 左右，下降的幅度也差不多，在 4% 左右。在响应方面，六年来，厦门在生态城市建设响应方面做得并不是十分理想，有三年处于下降的状态，主要是 2010～2011 年、2012～2014 年，下降的幅度为 6%，虽只有 2011～2012 年和 2014～2015 年呈上升趋势，但是这两年的增幅较大，分别为 12% 和 20%。

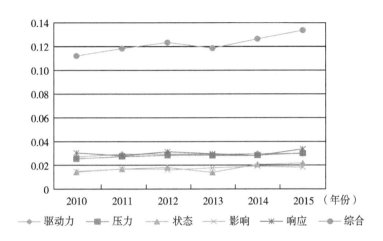

图 4－14　2010～2015 年厦门生态城市建设评价值

（3）莆田市生态城市建设情况。

如表 4－14、图 4－15 所示，莆田生态城市建设综合评价值呈上升趋势，每年的增幅相差不是很大，在 2%～6%，只有 2014～2015 年是下降的，减少了 3.33%，2015 年较 2010 年上升了 14%。从各个子系统来看，驱动力方面的评价值也呈上升趋势，除了 2013～2014 年有所下降外，其余年份均有所增长，其中：2010～2011 年增幅最大，约为 15%；2011～2012 年增长的幅度较小，仅为 0.9%。在压力方面，六年来增长了 9.85%，六年里有两年是下降的，其中 2012～2013 年下降了 6.44%，降幅较大，增长幅度最大的是 2010～2011 年，上涨了 7.33%。在状态方面，状态是所有子系统中六年里上涨幅度最大的，2010～2015 年，上升了近 50%，其中仅 2010～2011 年就上升了 32%；虽然状态是上升幅度最大的，但是它也存在下降的年份，在 2014～2015 年，状态方面的评价值就下降了近 8%。影响方面的评价值近几年增幅也较大，六年上升了近 25%，与状态一样，除 2014～2015 年是下降的外，其余年份均呈上升状态，但每年的增长幅度较小，最高的为 2013～2014 年的 16.7%，2010～2011 年仅增长 0.05%。响应是所有子系统表现最差的，呈下降的趋势，六年来下降了近10%，除2012～2014年这两年是上升的外，其余年份均下降，并且下降的幅度也比较大，在3%～8%，说明莆田在响应方面做得确实不好，莆田九地市综合排名中没有进入前三名的原因可能是在响应方面表现得不够理想。

表4-14　2010～2015年莆田生态城市建设评价值

年份	驱动力	排名	压力	排名	状态	排名	影响	排名	响应	排名	综合	排名
2010	0.0104	6	0.0276	6	0.0084	6	0.0200	6	0.0224	1	0.0887	6
2011	0.0118	5	0.0296	4	0.0110	5	0.0201	5	0.0209	4	0.0934	5
2012	0.0120	4	0.0316	1	0.0116	4	0.0215	4	0.0203	6	0.0969	4
2013	0.0124	2	0.0296	5	0.0122	3	0.0220	3	0.0220	3	0.0982	3
2014	0.0122	3	0.0311	2	0.0133	1	0.0257	1	0.0223	2	0.1046	1
2015	0.0132	1	0.0303	3	0.0123	2	0.0249	2	0.0203	5	0.1011	2

资料来源：作者整理。

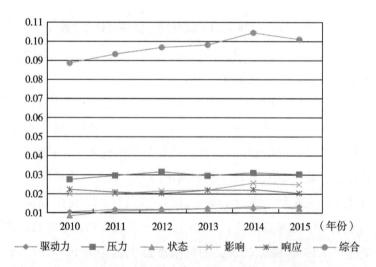

图4-15　2010～2015年莆田生态城市建设评价值

（4）三明市生态城市建设情况。

如表4-15、图4-16所示，2010～2015年三明生态城市建设综合评价值总体上呈上升状态，六年来，上涨幅度为50.7%，其中2010～2011年上升了20%，而增幅最小的2014～2015年也达到6%，2011～2013年均以9%左右的速度增长，而 2014 年较 2013 年下降了 0.75%，降幅较小。从各个子系统来看，增长幅度最大是压力子系统，六年来增长率为 100%，2010～2012 年和 2014～2015 年增幅均达到 10% 以上，其中 2011 年较 2010 年增长了 42%，压力子系统和响应子系统也是五个子系统中评价值逐年上升的子系统。状态子系统六年来增幅第二，也高达 94%，除 2014～2015 年是下降的外，其余年份均呈上升性，其中 2011～2013 年的增幅都比较大，分别达到 40% 和 37%。响应子系统逐年上升，2015 较 2010 年增长了 43.5%，2010～2011 年增长幅度最大，达到 22%，其余年份增幅都不是特别大，最少的为 2011～2012 年的 2.16%。影响子系统也呈上升的状态，但是每年上升的幅度都不大，最少的为 2012～2013 年的 0.8%，最高的为 2013～2014 年的 9.54%，唯一有所下降的年份为 2014～2015 年，下降了 1.12%。驱动力是所有子系统里表现最差的，六年来仅上升了 10.8%，其中还有两年为负增长，分别是 2011～2012 年和 2013～2014 年。在增长的年份里，除了 2010～2011 年上升了 20.56% 外，其余年份上升的幅度都比较小，尤其是 2012～2013 年，上涨了仅 0.12%。

表 4 - 15　2010～2015 年三明生态城市建设评价值

年份	驱动力	排名	压力	排名	状态	排名	影响	排名	响应	排名	综合	排名
2010	0.0101	6	0.0153	6	0.0084	6	0.0215	6	0.0166	6	0.0741	6
2011	0.0122	1	0.0217	5	0.0110	5	0.0223	5	0.0202	5	0.0886	5
2012	0.0118	3	0.0245	4	0.0116	4	0.0233	4	0.0206	4	0.0973	4
2013	0.0118	2	0.0256	3	0.0122	3	0.0234	3	0.0216	3	0.1059	2
2014	0.0108	5	0.0265	2	0.0133	1	0.0257	1	0.0232	2	0.1051	3
2015	0.0112	4	0.0306	1	0.0123	2	0.0254	2	0.0238	1	0.1116	1

资料来源：作者整理。

（5）泉州市生态城市建设情况。

如表 4 - 16、图 4 - 17 所示，2010～2015 年，泉州的生态城市建设评价值逐年稳步上升，虽然逐年上升，但是每年上升的幅度都不是很大，最高的一年为 2011～2012 年，增幅为 6.07%，而最少的 2013～2014 年仅上升了 0.34%。各个子系统这六年的发展情况较好，都有所进步，其中状态子系统表现最好，六年来上升了 51%，除 2014 较 2013 年下降了 23% 外，其余年份均有所增长，并且

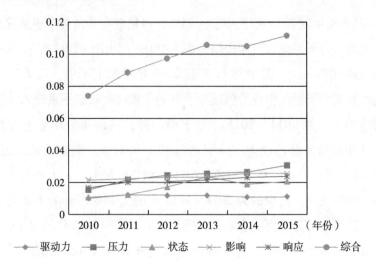

图 4 - 16 2010 ~ 2015 年三明生态城市建设评价值

表 4 - 16 2010 ~ 2015 年泉州生态城市建设评价值

年份	驱动力	排名	压力	排名	状态	排名	影响	排名	响应	排名	综合	排名
2010	0.0126	6	0.0302	5	0.0078	6	0.0251	3	0.0209	6	0.0965	6
2011	0.0149	5	0.0304	4	0.0087	4	0.0226	6	0.0211	5	0.0977	5
2012	0.0160	4	0.0314	2	0.0107	3	0.0235	5	0.0221	4	0.1037	4
2013	0.0167	1	0.0313	3	0.0109	2	0.0246	4	0.0242	3	0.1076	3
2014	0.0161	3	0.0295	6	0.0084	5	0.0288	1	0.0252	1	0.1080	2
2015	0.0162	2	0.0329	1	0.0117	1	0.0281	2	0.0248	2	0.1137	1

资料来源：作者整理。

增幅都比较大，最大的一年增长了近40%（2014 ~ 2015 年）。驱动力增长幅度次之，六年来增长了28%，但是期间也有年份下降，2014 年较 2013 年就下降了3.55%，其余年份均有所上涨，其中 2010 ~ 2011 年增幅最大，为 18.37%，而2014 ~ 2015 年增幅最小，仅 0.49%。响应也是五个子系统里做得比较好的，六年增长了近 20%，除 2015 年较 2014 年有所下降外，其余年份都是上升的，但每年的增长幅度都不是很大。影响子系统呈波动性变化，虽总体上也上升了11.88%，

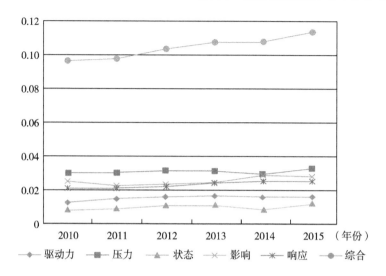

图4-17　2010~2015年泉州生态城市建设评价值

但是在2010~2011年和2014~2015年，下降了不少，其中2011年较2010年下降了10.18%，上涨的年份增幅也不是特别大，只有2014年比2013年增长了17.33%外，其余年份的增幅较小，在4%左右。压力是所有子系统表现最不好的，六年来仅上升了9.12%，而且2012~2014连续两年逐年下降，虽然其余年份有所上升，但是上升的幅度都不是很大，表现最好的是2015年，较2014年上升了11.7%。

（6）漳州市生态城市建设情况。

如表4-17、图4-18所示，2010~2015年漳州生态城市建设综合评价值总体上处于上升趋势，除2011年比2010年有较小幅度的下降外（下降幅度为0.014%），其余年份均有所上涨。其中，2011~2012年上升的幅度最快，为12.23%，其余年份上升的幅度较小，2015年相比2010年上升了26.31%，总体上升幅度不是很大。从各个子系统来看，只有状态子系统逐年上升，并且六年里上升的幅度最大，为60.57%。变化幅度最大的为压力子系统，近六年上升了31%，但是2011年、2013年、2014年相较于上一年都有所下降，而2012年和2015年较上一年是增长的，且增长的幅度较大，分别为26.38%和16.61%。驱动力子系统六年来发展情况较好，从2010年的0.011分上升至2015年的0.0148

分，上升近 35%，除了 2012 年有所下降外，其余年份均呈上升趋势。影响子系统六年上升近 17%，虽只有 2015 年评价值下降，但由于其他年份上升的幅度较小，2011～2014 年依次为 0.81%、2.02%、4.29%、9.57%。响应子系统是五个子系统里上升幅度最小的，其中 2011 年和 2013 年较上一年均有 2.6% 的下降，其余年份有所上涨，2015 年上升的幅度较小，仅为 2.83%。

表 4-17　2010～2015 年漳州生态城市建设评价值

年份	驱动力	排名	压力	排名	状态	排名	影响	排名	响应	排名	综合	排名
2010	0.0110	6	0.0261	5	0.0086	6	0.0187	6	0.0232	5	0.0875	5
2011	0.0123	3	0.0250	6	0.0088	5	0.0189	5	0.0226	6	0.0875	6
2012	0.0120	5	0.0316	2	0.0105	4	0.0193	4	0.0249	3	0.0982	4
2013	0.0121	4	0.0304	3	0.0126	3	0.0201	3	0.0242	4	0.0994	3
2014	0.0125	2	0.0293	4	0.0137	2	0.0220	1	0.0252	2	0.1027	2
2015	0.0148	1	0.0342	1	0.0138	1	0.0219	2	0.0259	1	0.1106	1

资料来源：作者整理。

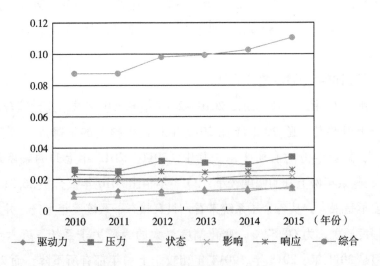

图 4-18　2010～2015 年漳州生态城市建设评价值

（7）南平市生态城市建设情况。

如表 4 - 18、图 4 - 19 所示，南平生态城市建设综合评价值总体上呈上升趋势，2011 年和 2014 年较同比增长 - 3.05% 和 - 1.50%，而 2012 年比 2011 年则上涨 20.84%，是历年来上涨最快的。从各个子系统来看，驱动力方面，2015 年较 2010 年上升 42%，是除压力子系统外上升幅度最大的子系统，除 2012 年和 2014 年较上一年有所下降外，其余年份均有所上涨，上涨幅度最大的年份是 2011 年，同比增长 19.68%。压力子系统是增幅最大的子系统，六年中上升幅度为 52.62%，且压力子系统也是唯一一个评价值逐年上升的子系统，尤其是 2013 年以前，上升幅度都比较大，2011 年和 2012 同比增长分别为 15.2% 和 23%，2013 年以后上升的趋势有所放缓，保持在 2% 左右。状态子系统六年来表现良好，2011 年和 2014 年同比分别下降 3.64% 和 0.52%，其余年份均有所上涨，尤其是 2012 年，同比增长 22.07%，2015 年上升的幅度较小，仅 2.34%。影响方面表现也比较好，六年上升 35.8%，除 2013 年较 2012 年上升了 22% 外，其余年份上升的幅度较小，均在 6% 以下。而 2012 年较 2011 年还出现下降的状态，下降 0.37%。响应子系统是五个子系统表现最差的，六年仅上升 13.91%，并且 2011 年和 2014 年较上一年有所下降，分别下降 34.52% 和 13.56%；下降的幅度大，上升的幅度也大，仅 2012 年，就比 2011 年上升近 58%，2013 年和 2015 年也有 8.73% 和 17.28% 的增长。

表 4 - 18　2010～2015 年南平生态城市建设评价值

年份	驱动力	排名	压力	排名	状态	排名	影响	排名	响应	排名	综合	排名
2010	0.0067	6	0.0212	6	0.0152	5	0.0179	6	0.0207	4	0.0818	5
2011	0.0081	4	0.0244	5	0.0146	6	0.0186	4	0.0136	6	0.0793	6
2012	0.0080	5	0.0300	4	0.0179	4	0.0185	5	0.0214	3	0.0958	4
2013	0.0091	2	0.0305	3	0.0196	2	0.0226	3	0.0233	2	0.1050	2
2014	0.0084	3	0.0315	2	0.0195	3	0.0240	2	0.0201	5	0.1035	3
2015	0.0096	1	0.0324	1	0.0199	1	0.0244	1	0.0236	1	0.1099	1

资料来源：作者整理。

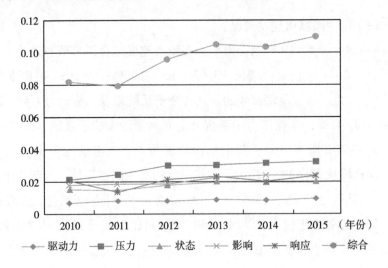

图 4-19　2010~2015 年南平生态城市建设评价值

（8）龙岩市生态城市建设情况。

如表 4-19、图 4-20 所示，2010~2015 年，龙岩生态城市建设综合评价值呈上升趋势，但是每年的变化幅度较小，增幅最大的一年是 2012 年，较 2011 年上升 10.92%。六年来一共上升 20.95%，除 2015 年有 1.12% 的下降外，其余年份均有所上升。从各个子系统来看，响应子系统表现最差，六年来呈现负增长的趋势，是唯一一个呈现负增长的子系统。其中仅 2012 年和 2014 年同比增长 54.16% 和 1.24% 外，其余年份均呈下降趋势，下降幅度最大的分别是 2011 年和 2015 年，分别为 25.33% 和 17.87%。压力子系统表现得最好，六年来上升 71.87%，虽然 2012 年和 2013 年连续两年下降，但是每年下降的幅度都不是很大，2012 年最高，为 5.28%，而 2013 年仅下降 0.23%；2011 年、2014 年和 2015 年都有所上升，其中 2011 年同比增长 45%，2014 年和 2015 年分别增长 20% 和 5.28%。驱动力在五个子系统中表现一般，六年来上升 27.35%，除 2014 年同比下降 5.04% 外，其余年份均有小幅度的上升，2015 年上升幅度最大，为 13.27%。状态子系统同样表现得一般，六年来仅上涨 14.89%，其中 2014 年以前逐年上升，而 2014 年以后逐年下降。影响子系统表现较差，六年仅上升 8.37%，其中 2012 年和 2014 年较上年有所下降，其余年份均有所上升，但幅度都很小，最高的 2011 年也才达到 5.14%。

表4-19 2010~2015年龙岩生态城市建设评价值

年份	驱动力	排名	压力	排名	状态	排名	影响	排名	响应	排名	综合	排名
2010	0.0102	6	0.0179	6	0.0123	6	0.0222	6	0.0219	4	0.0845	6
2011	0.0103	5	0.0259	3	0.0138	5	0.0234	4	0.0163	6	0.0898	5
2012	0.0110	4	0.0245	4	0.0158	2	0.0231	5	0.0252	1	0.0996	4
2013	0.0120	2	0.0244	5	0.0173	1	0.0240	2	0.0243	3	0.1021	3
2014	0.0114	3	0.0292	2	0.0142	3	0.0239	3	0.0246	2	0.1034	1
2015	0.0129	1	0.0307	1	0.0142	4	0.0241	1	0.0202	5	0.1022	2

资料来源：作者整理。

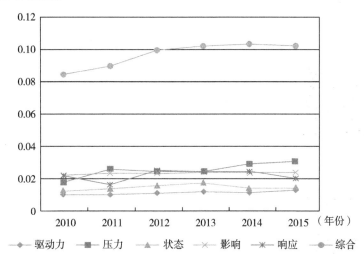

图4-20 2010~2015年龙岩生态城市建设评价值

（9）宁德市生态城市建设情况

如表4-20、图4-21所示，宁德六年来生态城市建设状况并不是十分理想，2015年较2010年综合评价值上升21.43%，虽总体上有所上升，但是近两年情况变得恶劣，2014年以后就呈下降趋势，这两年分别下降3.61%和1.49%，2014年以前表现较好，分别以7.04%、5.88%和12.84%的速度增长。从各子系统来看，表现最好的是响应子系统，这可能与其他地市不一样，六年里，响应子系统评价值上升了88.53%，仅2014年较2013年下降3.61%，其他年份均增长，并且增幅也较大，2011年和2012年较上年分别增长21.01%和36.52%。状态评价值状况也比较好，六年上升35.56%，除2014年下降12.28%外，其余年份均有较大幅度的上涨。压力评价值表现一般，六年上升9.86%，其中仅有两年是上升的，分别是 2012 年上升 20.29% 和 2015 年上升 6.31%，其余年份均呈下降的状态，2011 年较 2010 年下降 3.24%，而 2013 年较 2012 年下降 9.42%。驱动力表现比较差，六年仅上升 2.43%，其中 2012 年和 2014 年较上年有所下降，并且均以 11% 左右的速度下降，2011 年、2013 年和 2015 年处于上升的状态，这三年上升的幅度也差不多，大概在 10%。影响是五个子系统中表现最差的，六年仅上升 0.92%，主要是由于 2015 年下降的幅度太大，比上年下降 22.45%，在 2015 年以前，影响评价值都处于上升的状态，除了 2013 年上升 23.79% 外，其余年份上升的幅度较小，2011 年为 2.17%，2012 年为 0.01%，2014 年为 2.87%。

表 4 - 20　2010 ~ 2015 年宁德生态城市建设评价值

年份	驱动力	排名	压力	排名	状态	排名	影响	排名	响应	排名	综合	排名
2010	0.0094	4	0.0292	5	0.0109	6	0.0191	6	0.0113	6	0.0800	6
2011	0.0101	1	0.0283	6	0.0140	5	0.0195	4	0.0136	5	0.0856	5
2012	0.0090	5	0.0340	1	0.0154	2	0.0195	3	0.0186	4	0.0966	4
2013	0.0100	2	0.0308	3	0.0161	1	0.0242	2	0.0212	2	0.1023	1
2014	0.0089	6	0.0302	4	0.0141	4	0.0249	1	0.0205	3	0.0986	2
2015	0.0097	3	0.0321	2	0.0148	3	0.0193	5	0.0212	1	0.0971	3

资料来源：作者整理。

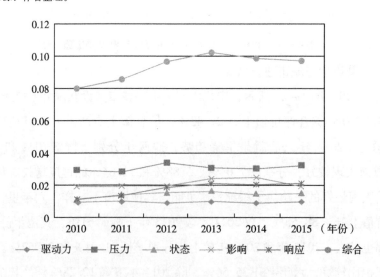

图 4 - 21　2010 ~ 2015 年宁德生态城市建设评价值

第四节　厦门国家级生态城市建设典型案例分析

城市作为一个国家和地区的政治、经济、文化中心，是公众生活和商业经营的聚集地，其发展关系到每一个人的生存与生活。改革开放40多年来，我国城市经济迅猛发展，城镇化进程加快，但同时也出现了一些生态不和谐的现象，严重危害了公众的身体健康和幸福感，同时也成为城市可持续发展的阻力。为了应对当前这一严峻形势，更好地促进城市可持续发展，中央及地方各级政府高度重视城市生态建设问题。党的十八大提出要突出生态文明建设地位，使之与经济、政治、文化、社会四个方面的建设相互交融，共同促进美丽中国的建设，党的十八届五中全会将加强生态文明建设纳入"十三五"规划中，党的十九届五中全会将"推动绿色发展，促进人与自然和谐共生"精神体现在"十四五"规划建设中。

党的十九届四中全会提出"坚持和完善中国特色社会主义制度，推进国家治理体系和治理能力现代化"。政府与非政府组织、营利组织、社会公众等主体在生态城市公共事务治理的过程中相互协调、共同合作，实现生态城市的集体目标。2015年8月2日厦门被评为国家级生态市，是福建省首个通过验收的城市，也是全国第二个通过验收的副省级城市，厦门生态城市建设成为全国标杆，这些成果标志着厦门在生态城市建设方面取得显著成效。2017年9月3日，习近平总书记在厦门金砖国家工商论坛上发表主旨演讲，"厦门是一座高颜值的生态花园之城，人与自然和谐共生"。基于DPSIR理念构建生态城市建设评价体系，对厦门市生态城市建设进行评价并提出相应的对策，以期推进厦门美丽城市治理。

一、厦门生态城市建设现状概况

2015年8月2日，厦门被评为国家级生态市，是福建省首个通过验收的城市，也是全国第二个通过验收的副省级城市。2015年12月由新华社主办的《新华每日电讯》第四版特别报道，以《厦门："让生活更美好"的城市样本》对厦门进行全景式的报道，大赞厦门是中国美好生活的城市样本。这一城市标杆体现在，在中国的城市化进程中，在宜居、宜业、宜游的坐标中，城市如何让生活更美好，而厦门做了一个很好的示范。2002 年厦门就启动《厦门生态城市概念性规划》编制，2014 年全面实施《美丽厦门战略规划》，在厦门市委市政府的领导和指引下，在全体公众的大力参与和拼搏下，厦门市美丽城市建设取得了较好成绩。2013 年 11 月厦门当选"中国十大智慧城市"之一，入选"2014 年度生态宜居典范城市"十佳城市；2014 年以来，10 个中国政府网站获"最佳政务平台实践奖"，厦门的"i 厦门"一站式惠民服务平台在获奖网站中名列第二。在 2014 中国最干净城市排行榜的《GN 中国最干净城市评价指标体系》中，厦门排名全国第五位，仅次于香港、澳门、高雄、哈尔滨。厦门已获得"中国最佳会议目的地"称号、"宽带中国"示范城市（城市群）称号、国内邮轮港口城市竞争力第三名、企业退休人员养老金全国前五；获批国家住宅产业化试点城市；厦门司法强戒所"新起点 QC 小组"首获国优奖。厦门思明区被评为首批创建生态文明典范城市，同安的顶村和翔安的小嶝村双双入选"中国最美休闲乡村"。《生态城市绿皮书：中国生态城市建设发展报告（2019）》指出，厦门市在生态城市健康指数、环境友好型城市综合指数两项综合排名中均排名第二位。2020 年，厦门市获得首批"国家生态园林城市"（国家生态园林城市是目前我国评价城市生态环境建设的最高荣誉，是城市建设、发展水平和文明程度的集中体现），它是"国家园林城市"（1997 年获得）的升级版。

同时，厦门市生态文明制度建设迈出新步伐。2019 年 6 月，《厦门经济特区生态文明建设条件》修订施行，对厦门市生态城市建设起到积极促进作用。国家级生态市创建通过技术评估，主要污染物总量减排任务全面完成，打响空气质量保卫战，积极推进流域水环境整治，建立健全饮用水源保护机制，开展自然保护区生态环境保护，加强固体废物环境监督管理，严肃查处环境违法行为，开展整治违法排污企业保障群众健康环保专项行动。整体上，厦门市生态建设取得显著成效，生活垃圾无害化处理率达 100%；环境信息公开率达 100%，厦门市公众对环境质量的满意度达 99.1%，建成区绿地率为 40.79%，绿化覆盖率达到 45.12%。厦门生态文明建设实现了人与自然和谐共生。

二、厦门生态城市建设综合评价分析

根据上文中的熵值法对厦门指标数据进行标准化处理，应用熵权法计算确定各目标层的权重，并计算出 2010～2015 年厦门生态城市建设综合评价值（具体结果见表 4－21、图 4－22）。数据显示，2010～2015 年这六年间厦门的生态城市建设有巨大进步，从 2010 年的 1.1034 分到 2015 年的 1.6314 分上升 47.86%，且这六年来稳步发展。2010～2012 这两年每年的进步速度均在 7% 左右，2012～2013 年，速度有所放缓，下降至 3.5%，但在随后的一年中，厦门的生态城市建设水平进步明显，2014 年比 2013 年上升 16.25%，是这六年中发展速度最快的一年，2015 年进步速度有所放缓，仅仅比 2014 年上升 5.66%。

表 4－21　厦门生态城市建设评价值

	2010 年	2011 年	2012 年	2013 年	2014 年	2015 年
驱动力	0.0416	0.0477	0.0507	0.0542	0.0587	0.0600
压力	0.0399	0.0445	0.0470	0.0475	0.0477	0.0523
状态	0.0455	0.0510	0.0641	0.0588	0.0680	0.0682
影响	0.0423	0.0453	0.0424	0.0492	0.0554	0.0737
响应	0.0546	0.0564	0.0534	0.0568	0.0770	0.0688
综合	1.1034	1.2023	1.2833	1.3282	1.5441	1.6314

资料来源：作者整理。

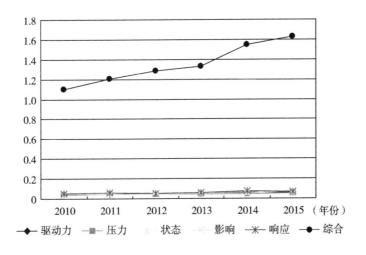

图 4－22　厦门生态城市建设综合评价值

1. 驱动力方面

如图 4 - 23 所示，2010 ～ 2015 年，评价值逐年上升，表明厦门生态城市建设有着强大的推动力量。2010 ～ 2011 年上升的速度是最快的，达到 14.68%，2014 ～ 2015 年上升的速度是最慢的，仅为 2.23%，其他三年上升的速度均在 6% ～ 8%，比较平稳。从各个指标来看，在经济发展方面，厦门六年来的经济发展有所下降，尤其是 2011 年以后，但是下降的幅度并不是很大，2015 年比 2011 年仅仅下降了 0.48%，经济发展方面下降的主要原因是 GDP 增长速度的下降，从 2010 年的 15.1% 下降至 2015 年的 7.2%，但这也是当前福建省甚至整个中国城市经济发展的一个主要特征，不仅仅是 GDP 基数大、经济上行压力大、国际经济发展不景气等的结果，也是政府不再盲目追求经济发展的表现。GDP 增长速度虽逐年下降，但厦门的人均 GDP 却逐年上升，城镇公众人均可支配收入也呈上涨的趋势。2010 年厦门的人均 GDP 为 58157.41 元，到 2015 年已上升至 90379 元，增长近 56%；城镇公众人均可支配收入也从 2010 年的 29253.14 元上涨至 2015 年的 42606.62 元，增加了 13353.48 元。从绿色经济发展情况来看，近六年来厦门在绿色经济发展方面做了很大的努力，2015 年的评价值比 2010 年上升 61.6%，且这六年来稳步逐年上升，从绿色经济下的三个子指标也可以反映出这一趋势，单位 GDP 六年来稳步下降，而高新技术产业总产值也逐年上升，其产值占 GDP 比重除 2015 年有微小的下降外，其余年份均呈上涨的态势，而第三产业增加值

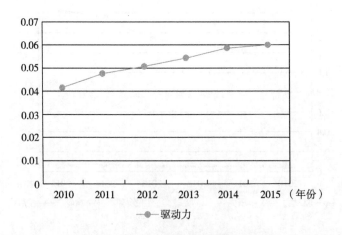

图 4 - 23　厦门生态城市建设驱动力评价值

除 2011 年比 2010 年下降了 2 个百分点外，其余年份也均有所上升。因此，从驱动力方面来看，厦门经济发展速度有所放缓，但是绿色经济发展表现较好，为厦门生态城市建设带来了巨大的推动力。

2. 压力方面

如图 4 - 24 所示，2010 ~ 2015 年，厦门生态城市建设的压力评价值逐渐提高，表明厦门生态城市建设面临的压力越来越小。2010 ~ 2012 这两年压力的评价值上升幅度大，2012 ~ 2014 年进步速度有所放缓，但到了 2014 ~ 2015 年进步十分明显。从能源消耗和污染排放两个方面来看，能源消耗方面，六年中厦门在能源消耗方面的压力值并不是一直减小，而是呈波动性减小，2010 ~ 2011 年，能源消耗评价值上升，说明这一年的压力减小，而在之后的四年中则不断下降，表明压力逐年增大，但这一局势在 2015 年有所改善，2015 年的能源消耗评价值有所上升，表明厦门生态城市建设压力有所下降。从各指标值也可以看出，单位 GDP 水耗、单位 GDP 电耗、人均能源消费量这三个指标除了单位 GDP 电耗逐年下降外，其余两个指标均呈波动性变化，而人均能源消费量除 2015 年有所下降外，其余年份均呈上升趋势。能源消耗各指标的数值表明厦门的能源消耗压力仍然很大，而这会严重阻碍厦门生态治理的进一步发展。从污染排放方面来看，2010 ~ 2015 年这六年中的污染排放评价值稳步上升，说明这六年来污染排放方面的压力逐年下降，尤其是 2011 ~ 2012 年上升幅度大，进步明显，虽在后来的

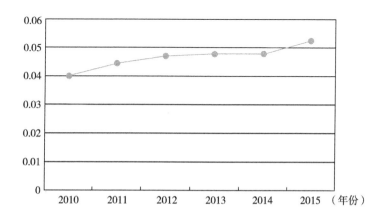

图 4 - 24　厦门生态城市建设压力评价值

三年中进步速度有所放缓，但每年依然保持6%左右的上涨。从污染排放下的三个子指标值也可以看出，这六年的污染排放量均呈下降的趋势，每一个指标值与六年中最高的年份相比都减少60%左右。从压力方面的指标值可以看出，虽然厦门这几年的能源消耗量不断减少，污染排放量也逐年递减，但是能源消耗量和污染排放量依然很大，还面临着巨大的压力。

3. 状态方面

如图4-25所示，2010~2015年，厦门生态城市建设状态呈现波动性增长趋势。2010~2012年逐年上升，但2011~2012年进步更明显，在随后的2013年则有所下降，至2014年低迷的态势有所好转，成为这六年来状态最好的一年，但这一形势并没有维持良久，在随后的2015年中，厦门的生态城市建设状态又呈低迷之势。从公共设施和生态状态这两个方面的评价值来看，厦门生态城市建设这六年并不是一直保持良好的状态，公共设施以2012年为分界点，在2012年以前呈上升趋势，尤其是2011~2012年，上升幅度非常大，但在2012年以后，厦门在公共设施方面的建设则有不小的退步，虽然在2011~2014年下降的幅度很小，但在2015年则有一个巨大的下降。从公共设施下面的三个子指标值来看，每万人拥有卫生机构床位数从2010年的30.24张/万人上升至2015年的37.05张/万人，这期间除了2014年有较小幅度的下降外，其余年份均有所上涨；每万人拥有公交车数量在2012年以前逐年上升，但2013年和2015年都有所下降，尤其

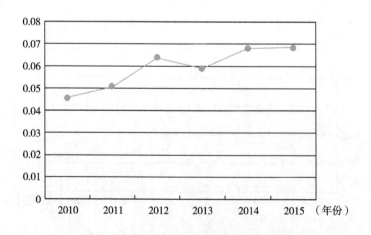

图4-25 厦门生态城市建设状况评价值

是 2015 年下降趋势明显，从 2014 年的 21.36 标台/万人下降至 15.2 标台/万人；而每万人拥有公共图书馆数量除 2011～2012 年有较大幅度的上升外，其余年份均有所下降。

在访谈中，由于这几年开展地铁等基础设施建设影响，公众对厦门公共设施的建设不太满意。公共设施方面的情况表明厦门的公共设施还未能满足人们的需求，尤其是公交车数量和公共图书馆数量，生态城市的治理离不开公共设施的完善，厦门需要进一步加大在公共设施方面的投入。2010～2015 年，厦门的生态状态也呈波动性增长，2012～2013 年、2014～2015 年呈下降的趋势，其余年份均有所上涨，从生态状态下的各指标来看，三个指标值除环境空气质量优良率有所波动外，人均公园绿地面积和建成区绿化覆盖率都逐年上升，尤其是人均公园绿地面积，从 2010 年的 10.13 平方米/人上升至 2015 年的 20.92 平方米/人，上升 106.51%，相比建成区绿化覆盖率增长的幅度较小，从 2010 年到 2015 年上升 3.7 个百分点，但这也是由这一指标性质决定的。

4. 影响方面

如图 4-26 所示，2010～2015 年，厦门生态城市建设影响力总体呈上升趋势。2011～2012 年有较小幅度的下降，2010～2011 年、2012～2015 年不断增加，其中 2010～2011 年的增长幅度较小，但是 2012～2015 年每一年的增长幅度较大，尤其是 2015 年较 2014 年上升 33%。从社会民生和公众参与两个方面来看，厦门在社会民生方面除了 2011～2012 年呈下降趋势外，其余年份均有所上升，其中 2011 年较 2010 年上升 26.49%，2013 比 2012 年上升 28%，2014 年、2015 年均比上一年增长了 10% 左右。社会民生下设的能源消费弹性系数、城镇居民恩格尔系数和城镇登记失业率三个指标并不是逐年下降，而是呈波动性下降趋势，其中能源消费弹性系数进步最明显，2015 年比 2010 年下降 138.05%，城镇恩格尔系数从 2010 年的 36.5% 下降至 2015 年的 32.55%，城镇登记失业率这六年并没有太大的变化，一直在 3% 左右徘徊。从公众参与情况来看，2010～2014 年并没有太大的变化，但 2014～2015 年有较大幅度的上升，其下的两个子指标申请政府信息公开数和公众对政府环保建设的满意度逐年上升，从申请政府信息公开数指标来看，厦门市公众申请的数量越来越多，从 2010 年的 450 件到 2015 年的 793 件，上升了 76.22%，说明厦门市公众越来越重视自己的主体地位，参与政府治理的积极性越来越高；2015 年公众对政府环保建设的满意度为 92.4%，2014 年为 89.6%，这一指标的数据需要通过调研的方式获取，由于时间限制的关系，2010～2013 年的数据无法获得，本研究采取的是用 2014 年的数据代替，虽只有两年的数据，但仍可以看出厦门市公众对政府环保建设越来越满意，厦门市政府在环保方面的工作得到了民众的认同。

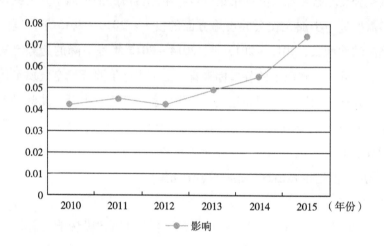

图 4 - 26　厦门生态城市建设影响评价值

5. 响应方面

如图 4 - 27 所示，2010～2015 年，厦门生态城市建设响应方面的评价值波动较大。2011～2012 年和 2014～2015 年这两年呈下降趋势，2010～2011 年、2012～2014 年则呈上涨趋势，但除了 2013～2014 年有较大幅度的上升外，其余年份变动的幅度不是很大。从总体上来看，厦门生态城市建设在响应方面处于上升趋势。从治理投资和控制响应两方面来看，2010～2011 年，治理投资下降了 9.62%，随后的 2012～2014 年稳步上升，尤其是 2011～2012 年和 2013～2014 年上升的幅度较大，都在 26% 左右，但在 2014～2015 年又下降了 26%。从投资治理下的两个子指标来看，环境污染治理投资总额占 GDP 比重的波动性较大，从2010 年的 2.46% 到 2015 年的 0.29%，下降了 88%，除 2014 年这一指标值达到4.03% 外，其余年份均没有达到 1%。R&D 支出占 GDP 比重指标值这六年都在

2%～3%，除2013～2014年有小幅度的下降外，其余年份均有所上升。在控制响应方面，2010～2011年、2012～2015年处于上升趋势，其中2013～2014年上升幅度是这几年中最大的，达到42.05%，而2014～2015年仅上升0.42%，几乎没有太大的进步。从城市生活垃圾无害化处理率、城市污水处理厂集中处理率、工业固体综合利用率三个指标值来看，除了城市污水处理厂集中处理率逐年上升外，其他两个指标的变化则无规律性。城市生活垃圾无害化处理率这一指标值这六年并没有太大的变化，一直处于99%～100%，其中2010年、2011年、2015年这三年达到100%；污水集中处理率是这三个指标中进步最为稳定的一个，从2010年的90.1%上升至2015年的94%，这也高于全国平均水平；工业固体综合利用率虽在2013年和2015年有所下降，但总体上处于上升趋势，最好的一年为2014年，达到97.96%。从厦门生态城市建设的响应来看，厦门各利益主体对生态城市建设做出的反应还是比较理想的，但也存在进步小、波动性大、环境污染治理投资不足等问题。

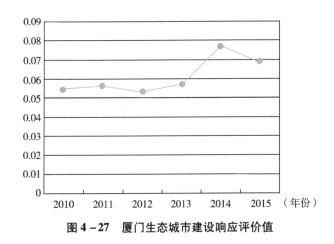

图4－27 厦门生态城市建设响应评价值

三、厦门生态城市建设存在的问题

1. 经济上行压力大，绿色经济发展依然面临挑战

厦门经济增长虽在福建各地市中发展情况最好，但从近几年的增长速度情况来看，经济增长压力很大，2015年仅为7.2%，远远低于福建省整体GDP增长率。在能源消费结构上，仍以原煤消耗为主，清洁能源使用较少，2015 年厦门规模以上工业企业原煤消耗量占能源消耗总量的 90.59%，而天然气消耗量仅占0.76%，可见厦门的能源消费结构还需调整。在产业结构上，厦门的第三产业发展较好，但与其他地市相比，发展动力较小，2015 年厦门第三产业增加值占全省增加值的 17.9%，但其增长幅度较其自身而言，仅增长 6.2%。高新技术产业产值在福建省各地市中一直处于前列，但就增长速度而言还比较慢，2010～2015年，福建省高新技术产业产值增长 115.1%，而厦门仅增长了 75.0%。

2. 城市化快速发展带来的压力

近年来，随着厦门经济发展、城市化进程加快，2016 年底厦门城市人口规模达到 392 万人，成为大城市分类中的 I 类城市，给厦门尤其是本岛的环境与生态带来压力。人口的快速增长，使厦门面临交通拥挤、资源短缺、噪声污染等问题。同时由于厦门是岛屿城市，城市土地面积仅有 1699.39 平方千米，人口和工业的快速发展，导致厦门用地不足，土地价格越来越贵，房价越来越高，市民生活压力增大，不断影响与降低市民的幸福感。人口的增长、公共设施没有及时完善，导致公共设施无法满足人们的需求，给公共部门建设带来压力。

3. 生态城市建设缺乏各主体间的协同治理

建设生态城市并不仅仅是政府部门的事情，更是全体公众共同努力的目标。当前，政绩考核体系中，经济发展指标仍为主要考核对象，其中 GDP 增长率的提高仍是政府最关注的对象，导致片面发展经济、资源消耗过高的现象依然存在。政府工作人员执法意识还有待于进一步加强，各执法部门之间信息流通不畅，导致环境执法成本相对较高。此外，对政府部门执法的监督机制还未完善，相关的法律体系也还需健全，一些对过度开发资源与污染环境破坏生态行为的处理还缺乏直接的法律依据，区域与部门等之间的环境执法、治理等合作还需要进一步协同。

4. 整体生态建设还不容乐观

虽然厦门生态城市建设水平六年间有了较大的提升，但是整体生态建设还存在一些不足，如环境保护投资占 GDP 比重、工业固体废物处置利用率、单位GDP 能耗等指标值还存在差距。厦门城郊及较偏远区域生态文明建设与市区相比较落后，还有待于整体性提高。同时，厦门地处亚热带季风性气候区，台风、洪涝等自然灾害频发，酸雨发生率逐渐提高。近年来，随着厦门城市的快速发展、自然环境的破坏，年平均气温逐渐提高，雾霾天数有所增加。重大生态修复工程投入不足，破坏自然系统平衡，降低生态环境承载力。

5. 生态城市建设理念还有待进一步提升

厦门市政府管理部门与广大公众对生态城市建设认识还不太全面，生态城市建设理念还有待进一步提升。第一，政府管理部门一些领导还未改变传统政绩观理念，以牺牲资源环境代价来获取区域经济发展的思路还较广泛存在；相关人员还停留在生态城市建设表面层次上，未能从发展机理的角度上进行治理；有的干部尚未真正地认识到将生态城市建设融入经济建设、社会建设、政治建设、文化建设的全过程；公众参与生态城市建设的渠道较窄、方式较单一。第二，一些企业家为了追求企业利润最大化，环境保护意识不强，缺失环境保护责任与义务。第三，广大公众素养还有待于进一步整体性提高，随手扔垃圾、乱停车、高声讲话等不文明行为还较频繁，主动参与生态城市建设精神还有待进一步提升。第四，教育科研部门、非政府组织部门等对生态城市建设的参与程度还不太高，参与度与贡献度还需要进一步挖掘与发挥。

四、推动厦门生态城市建设的对策建议

1. 发展生态经济，推进产业结构转型升级

经济要想永续、高质量的发展，必须坚定不移地走低碳循环之路。要大力发展低碳与循环经济，通过发展科技、创新科技来解决经济发展对资源的过度依赖，弥补厦门当前环境资源的不足。一方面既要通过生态建设吸引产业项目，另一方面又要通过发展产业来推动生态建设，两者互相影响、相互促进，共同进步。厦门可以利用其岛屿城市大力发展海洋经济产业，利用其优美的生态环境加大发展生态旅游业，利用区域与地缘优势，大力发展电子商务和金融服务业等产业，加快厦门产业结构调整，促进产业升级优化，建设第三产业集群效应，实现生态建设与产业发展融合。同时企业要不断创新驱动发展，积极引进绿色科技促进绿色生产，提供更多的生态环保型产品和服务。

2. 注重生态教育，建设生态型城市社区

要想获得社会公众的广泛参与，首先需要培养公众的生态理念，引导企业和

公众自觉树立绿色生态的生产、生活和消费方式，鼓励民众绿色出行，摒弃"面子消费""过度消费""炫耀性消费"等不良消费观念，构建善待自然、和谐文明的生态文化体系理念。相关部门塑造浓厚的生态文化学习与教育氛围，可以通过电视、微博、微信等多媒体方式积极与广泛地宣传生态文明建设等知识，也可以利用宣传栏、各种广告栏等硬媒介开展生态文明建设知识普及，树立广大民众生态价值观。把生态教育与新型城镇化协同教育融入校园教育体系与活动中，通过高校开设相关课程与专题等教育带动家庭、社区教育，实现生态文明与城市建设的统一，建设生态型城市社区，实现美丽厦门建设。

3. 建设社会公众参与机制，充分发挥多元治理作用

美丽厦门建设涉及面广，需要厘清政府权力边界，明晰政府职责就成为当务之急，充分发挥多种社会力量的参与和监督。塑造城市精神，增强厦门公众认同感建设，提高公众参与生态治理的积极性，构建广泛的社会公众参与建设机制，充分发挥多元化主体参与治理作用，尤其充分发挥高校及行业领域专家在涉及生态环境、城市规划、产业升级转移等诸多专家的智慧与才能，在环境保护、城市空间利用、循环经济建设等与广大群众密切相关的领域加强治理与建设，通过多种途径了解公众密切关注的问题、需求及建议，并要及时解决。

4. 加强海绵城市建设，改善生态环境质量

生态文明建设的重点在于改善生态环境质量，厦门要继续落实海绵城市建设理念，不断提高城市生态承载能力，通过建立以"自然为本"的低影响开发模式来解决城市土地资源、水资源、水安全、水生态等问题。要战略规划与发展厦门岛内岛外新型城镇化，合理科学地划定主体功能区，对生态环境脆弱的限制开发区域和禁止开发区域要着重保护，加大对这些区域生态保护方面的财政投入，而对于一些环境资源承载力好的、资源比较丰富的优化开发区域和重点开发区域要合理利用。开展环境治理，要重点考虑涉及影响面较广、涉及内容较多、持续时间久的环境问题，营造良好的生活居住环境。要重视与加强厦门海洋生态文明建设，建立以大流域为骨干、以小流域为单元、以保护自然环境为中心、以实现生态优美为目标的治理方针。需要统筹城乡污染整治，不断创新环境治理方式，引入"第三方"治理模式，促进美丽厦门建设。

5. 加强生态产业高端人才培养与引进，推进创新驱动发展

厦门生态城市建设包含经济的循环发展、城市空间的合理利用、环境资源的最大利用，其治理的复杂性要求科技创新的助力。科技的发展与创新，能有效解决环境资源不足、传统产业落后、能源消耗高等一系列问题，对建设美丽厦门具有深远的意义。科技发展与创新要求政府、企业加强与高校、研究机构等的协同治理与合作。未来十年，美丽厦门建设不仅需要大力引进生态产业技术高端优秀与领军人才，更重要的是调整与推进厦门市高校、科研机构与企业之间的合作，大力发展海洋科学等生态新兴产业与主导产业，大力培养博士、博士后等生态产业技术高端人才，提升自主创新能力，才能更好地实现厦门市创新驱动发展。

6. 塑造城市精神，增强公众认同感

城市精神是一个城市的灵魂，是一座城市基本特征的体现。城市精神有很大的作用：它可以积极进取的城市精神引领公众，以健康向上的城市文化影响公众，以优美和谐的城市环境塑造公众。目前很多地方都在重视城市精神的塑造，并以此引领城市进步和公众文明素质的提升，从而凝聚人心、展示城市形象。厦门公众中不少来自外地，增强公众认同感有利于提高公众参与生态治理的积极性，通过开展各种活动，让公众参与其中，增强居民共同参与生态城市建设的意识。通过 LED 显示屏、报纸、广播、电视、微信、微博等多媒体方式来宣传城市的文化，让城市精神渗透到每一个公众的心中，增强他们对本城市认同感，居民自然而然地会参与到生态城市建设中。

7. 健全生态城市法治建设，实现法治化与生态化

不断健全生态法律制度建设，强化生态城市建设的法治依据，促进生态城市建设的法律化、规范化、制度化和法律制度的生态化。要建立环境信息公开化制度与有效的网络信息传播制度，及时向公众传递生态城市建设的相关信息，保障公众的信息知情权；建立生态城市环境破坏和环境污染事件等举报制度，为公众参与生态环境事件的监督提供支持，保障公众的监督权。另外，建立健全资源有偿使用制度与生态环境补偿机制，实现生态公平公正治理。根据不同区域主体功能区的不同特征，政府坚持公平合理与责权利统一等原则，根据生态补偿主体、对象、范围、方式等构建补偿标准体系，对不同功能区采取相应的生态资源保护与开发的政策，真正实现城市生态资源与经济社会协调统一发展。美国为了促进

公众在环境保护中的参与，出台了公众参与法案，以此来减少公众参与环保受到的威胁。厦门出台了很多生态城市建设方面的文件，但是在公众参与建设方面的法律还不够完善，使得公众参与生态城市建设的权利与义务未得到明确，及参与过程中未得到法律有效保护，导致公众在参与的过程中存在顾虑。因此，结合厦门本身的特点，尽快建立完善公众参与生态城市建设的机制。

第五章 生态城市建设：闽台比较与我国台湾地区经验

　　国家"十二五"规划将资源环境纳入经济社会发展的主要指标，更加突出生态环境保护的重要性。党的十八大提出"把生态文明建设放在突出地位，融入经济建设、政治建设、文化建设、社会建设各方面和全过程，努力建设美丽中国"。2014年3月23日，福建省被国家确定为全国第一个省域生态文明建设先行示范区，福建省生态文明建设成为国家发展战略与全国样本；2016年6月27日，国务院审议确定福建省成为第一个国家生态文明实验区，要求福建省总结生态建设经验进行推广。全国首个生态文明先行示范区与国家生态文明实验区落户福建，既是肯定，更是重任。虽然福建省在生态文明建设方面具有较好的优势与资源，然而随着城镇化进程加快，福建各地市建设中也出现了环境污染、生态破坏、交通拥挤等一系列城市生态问题，严重阻碍了城市功能的发挥与发展。福建省与我国台湾地区有着独特的地缘关系，闽台两地的自然条件和经济社会等发展水平也比较相似。在生态文明建设方面，我国台湾地区的生态城市建设起步较早，经验相对成熟，法律法规也渐趋完善，取得较好成果，一定程度上对福建生态城市建设具有较好的经验与启示。

　　近年来，国内学者对我国生态城市建设开展广泛的研究，已取得较丰富的研究成果；但对闽台或两岸生态城市建设水平比较研究还处于起步状态，成果较少。随着福建自贸区等的建设，通过闽台两地18个生态城市建设水平进行比较分析，借鉴我国台湾地区经验及启示，对福建及其他生态城市建设具有积极的意义与价值。本研究基于生态系统视角，引入"驱动力—压力—状态—影响—响应"模型（DPSIR），构建闽台生态城市建设水平评价体系，对 2010～2015 年闽台 18 个生态城市建设情况进行比较分析，总结闽台生态城市建设存在的差距，借鉴台湾地区生态城市建设的经验，促进美丽城市建设。

第一节　闽台生态文明建设状况

一、福建省生态文明建设现状

总体上，从 2002 年福建省提出"生态省"发展目标以来，到生态文明先行示范区、国家生态文明实验区的确定，福建加大了生态文明建设力度，取得较大进步。北京林业大学生态文明研究中心 2014 年发布的《中国省级生态文明建设评价报告》中显示，2012 年福建生态文明指数为 86.56，属于均衡发展型，其基本特点是生态活力、环境质量、社会发展、协调程度都居于全国中上游水平。四川大学"美丽中国"研究所发布《"美丽中国"省区建设水平（2016）研究报告》，福建省的生态建设得分排名全国第二。到 2017 年末，厦门、福州、泉州、漳州、三明五个城市建设成为省级生态市，厦门、泉州获得国家级生态市称号，福州通过国家生态市考核验收；64 个县（区）获得省级以上生态县称号，32 个县（区）获得国家生态县称号；519 个乡镇（街道）获得国家级生态乡镇（街道）称号。

在各个方面，福建的生态文明建设也取得了显著成效。在法律制度与政策方面，目前，福建省委、省政府已先后出台了《福建生态省建设总体规划纲要》《福建省生态功能区划》《福建省环境保护条例》《国家生态文明试验区（福建）建设法治保障工作方案》《福建省碳排放权交易管理暂行办法》等 30 多项政策法规。生态活力方面，截至 2017 年，共建立各级自然保护区 93 个，自然保护区总面积为 45.5 万公顷；风景名胜区 53 处，总面积为 22.5 万公顷，占全省土地面积的 1.9%；已建立 118 个环保教育基地，各级绿色学校达 2087 所；森林覆盖率为 65.95%，城市建成区绿化覆盖率为 42.8%，人均公园绿色面积已达 12.76

平方米。从环境状况来看，2015 年福建 23 个中小城市的空气质量按《环境空气质量标准》评价，均达到或优于国家环境空气质量二级标准、达标天数占比99.5%，九个设区市城市空气质量优良天数比例达 96.2%；23 个城市中，区域声环境质量"较好"的约 14 个，道路交通声环境质量方面属于"好""较好"水平的城市分别有 10 个、13 个。水环境质量方面，全省都保持优良的态势，主要河流水质优良比例达 95.8%，其中 12 条主要水系水质状况为优，Ⅰ~Ⅲ类水质占 94%，且 43 个县城集中式生活饮用水源地水质达标率高达 99.9% 等。

二、我国台湾地区生态文明建设现状

我国台湾地区生态建设历程与我国其他省份建设历程十分相似，也曾经历了以牺牲环境为代价发展社会经济的阶段。20 世纪 80 年代中后期，生态环境持续恶化，引起民众极大的不满，甚至激起了反抗运动，使生态破坏、环境污染问题很快成为社会关注的焦点。为解决经济发展与环境之间的矛盾，实现台湾地区经济的可持续发展，先后设立了独立的环保机构，并拟定完成"永续发展行动计划书"，制定了完善的环境保护相关规定、建立了健全的废弃物处理体系、加强了环境监管力度、开展全民环保教育活动。这些措施的实施，使台湾地区环境状况在进入 21 世纪后得到极大的改善，污染得到有效的控制。台湾地区已经从后工业社会迈向环境保育阶段，生态文明建设已进入较成熟阶段。

在各个方面，台湾地区的生态文明建设取得了显著成效。在能源消耗方面，台湾地区的能源消费结构已得到极大改善，2015 年单位 GDP 能耗下降至 0.3064吨标准煤/万元，且能源消费弹性系数为 - 0.0732%，较 2014 年的 0.12% 下降160.19%。但生态活力方面，2014 年台湾地区的森林覆盖率为 60.79%，低于福建的 65.95%，人均城市公园面积为 4.12 平方米，与福建相差较大。在环境保护方面，2015 年台湾地区当局在环境保护方面的投入达 57487.35 百万新台币，占总财政投入的 5.75%，垃圾清运量近五年来不断下降，2015 年达 3236051 吨，较 2010 年少了 836552 吨，这并不是说明台湾地区垃圾清运能力下降，而是说明台湾公众的素质在不断地提高，垃圾循环利用率高，而且从 2009 年以来，台湾地区垃圾清运率就达 100%，近五年来垃圾无害化处理率也不断提高，在 2011 年时垃圾无害化处理率就已达 100%；台湾地区的空气质量没有福建省的好，2010 ~

2014 年台湾地区空气质量优良率均保持在 44% 左右，2015 年优良率上升至 60.69%，2010 年台湾地区空气中总悬浮微粒浓度为 72.4 微克/立方米，到 2015 年已下降至 52.93 微克/立方米，二氧化硫含量也由 2010 年的 0.004ppm 下降至 2015 年的 0.003ppm。在生活质量方面，居民生活质量越来越高，2015 年人均可支配收入已达 70032.6 元①，比福建省多 2 倍，恩格尔系数和失业率也不断下降。

第二节　闽台生态城市建设水平评价比较分析

一、数据来源

原始数据主要来源于 2010～2015 年的福建省统计年鉴、福建省环境状况公报、福建省国民经济和社会发展统计公报、台湾地区统计年鉴等资料，个别评价指标值通过相应的计算生成。

二、评价结果

通过对闽台 18 个城市 2010～2015 年 20 个指标的数据搜集②，以上述方法对原始数据进行标准化处理，用熵权法确定各指标权重（见表 5 - 1），运用加权综合法得出闽台两地 18 个生态城市在驱动力、压力、状态、影响、响应五个方面的得分，并得出闽台两地 18 个生态城市建设水平综合得分，具体评价值见表 5 - 2。

---

① 按 1 新台币等于 0.225 的人民币汇率算，下文汇率换算均如此。
② 在本章闽台生态城市建设评价及比较分析中，因为数据搜集的可获得性，构建的 20 个指标与之前全国生态城市建设评价分析构建的指标存在不一致，所以本章评价分析结果只作为两岸评价分析的一个参照。

表 5 – 1 闽台城市生态文明建设水平评价指标体系

要素层	指标层	属性	权重	备注①
驱动力	居民人均可支配收入（元）	正	0.0667	台湾地区没有区分城镇与农村
	人均工业产值（元）	正	0.0527	台湾地区为工厂营业收入
	第三产业从业人员比例（%）	正	0.0513	
	自然人口增长率（%）	负	0.0380	
压力	人均用电量（千瓦时）	负	0.0269	
	二氧化硫浓度（ppm）	负	0.0228	
	每百户家用汽车拥有量（辆）	正	0.0705	台湾地区没有区分城镇与农村
	人均拥有住房面积（平方米）	正	0.0673	台湾地区为全体居民
状态	空气质量优良率（%）	正	0.0906	
	森林覆盖率（%）	正	0.0473	
	人均公园绿地面积（平方米）	正	0.0898	台湾地区为都市计划区辖区内
	城市人口密度（人/平方千米）	负	0.0310	台湾地区没有区分城镇与农村
影响	每万人拥有公共公立图书馆数（个）	正	0.0739	
	每千人口大学生数（人）	正	0.0534	
	恩格尔系数（%）	负	0.0295	台湾地区为全体居民
	城镇登记失业率（%）	负	0.0516	台湾地区为平均失业率
响应	垃圾无害化处理率（%）	正	0.0077	台湾地区为整体
	社区发展及环境保护支出占政府财政支出比重（%）	正	0.0588	福建数据仅统计了环境保护支出
	社会福利支出占政府财政支出比例（%）	正	0.0509	
	科学教育支出占财政支出比重（%）	正	0.0192	

资料来源：作者整理。

表 5 – 2 2010～2015 年闽台生态城市建设水平评价值

	2010 年	排名	2011 年	排名	2012 年	排名	2013 年	排名	2014 年	排名	2015 年	排名
驱动力子系统												
新北市	0.2692	7	0.2662	9	0.2615	9	0.2670	10	0.2672	10	0.2740	6

---

① 台湾地区的数据不区分农村与城镇，故整体人居值比城镇人居值低，可能本研究的台湾地区生态城市评价值总体与实际比偏低，即现实的台湾地区生态城市建设质量更好。

	2010 年	排名	2011 年	排名	2012 年	排名	2013 年	排名	2014 年	排名	2015 年	排名
台北市	0.2968	1	0.2861	1	0.2852	1	0.2901	1	0.2893	1	0.3019	1
桃园市	0.2686	8	0.2665	8	0.2668	6	0.2717	8	0.2771	5	0.2664	10
台中市	0.2645	10	0.2646	10	0.2612	10	0.2678	9	0.2710	9	0.2720	8
台南市	0.2719	4	0.2709	5	0.2646	7	0.2732	7	0.2738	8	0.2700	9
高雄市	0.2772	3	0.2734	4	0.2723	5	0.2785	5	0.2797	4	0.2845	3
基隆市	0.2795	2	0.2802	2	0.2773	2	0.2844	2	0.2849	2	0.2926	2
新竹市	0.2709	6	0.2674	7	0.2639	8	0.2756	6	0.2754	7	0.2739	7
嘉义市	0.2712	5	0.2687	6	0.2768	3	0.2818	3	0.2830	3	0.2838	4
福州市	0.2246	11	0.2210	13	0.2204	12	0.2272	12	0.2228	12	0.2246	12
厦门市	0.2666	9	0.2771	3	0.2723	4	0.2816	4	0.2769	6	0.2797	5
泉州市	0.2113	14	0.2077	18	0.2107	17	0.2181	16	0.2145	17	0.2183	15
漳州市	0.2090	15	0.2092	17	0.2079	18	0.2158	18	0.2117	18	0.2114	18
龙岩市	0.2075	17	0.2159	14	0.2135	16	0.2179	17	0.2155	16	0.2150	17
三明市	0.2197	12	0.2241	12	0.2282	11	0.2310	11	0.2259	11	0.2259	11
莆田市	0.2130	13	0.2128	16	0.2169	14	0.2201	14	0.2164	15	0.2170	16
宁德市	0.2079	16	0.2263	11	0.2168	15	0.2224	13	0.2211	13	0.2199	13
南平市	0.2061	18	0.2138	15	0.2169	13	0.2191	15	0.2188	14	0.2199	14
压力子系统												
新北市	0.2731	13	0.2756	14	0.2740	16	0.2754	15	0.2757	14	0.2762	15
台北市	0.2768	12	0.2769	13	0.2747	14	0.2714	16	0.2748	15	0.2739	17
桃园市	0.2961	2	0.2996	2	0.3008	1	0.3004	3	0.3005	4	0.3032	4
台中市	0.2975	1	0.3032	1	0.2977	3	0.2996	5	0.3002	5	0.3004	6
台南市	0.2883	6	0.2903	7	0.2901	6	0.2886	7	0.2923	8	0.2944	7
高雄市	0.2770	11	0.2799	10	0.2799	12	0.2780	13	0.2801	13	0.2797	13
基隆市	0.2663	17	0.2605	17	0.2605	17	0.2684	17	0.2593	17	0.2645	18
新竹市	0.2853	7	0.2909	6	0.2852	8	0.2836	12	0.2828	10	0.2798	12
嘉义市	0.2942	3	0.2931	5	0.2989	2	0.3042	2	0.2977	6	0.3025	5
福州市	0.2723	14	0.2794	11	0.2804	10	0.2878	9	0.2926	7	0.2936	8

续表

	2010 年	排名	2011 年	排名	2012 年	排名	2013 年	排名	2014 年	排名	2015 年	排名
厦门市	0.2771	10	0.2822	8	0.2855	7	0.2851	10	0.2682	16	0.2744	16
泉州市	0.2936	4	0.2956	3	0.2962	4	0.3002	4	0.3136	1	0.3171	1
漳州市	0.2674	16	0.2725	16	0.2741	15	0.2879	8	0.2826	11	0.2873	9
龙岩市	0.2914	5	0.2933	4	0.2951	5	0.3067	1	0.3040	3	0.3151	2
三明市	0.2418	18	0.2454	18	0.2469	18	0.2572	18	0.2591	18	0.2789	14
莆田市	0.2799	8	0.2821	9	0.2832	9	0.2956	6	0.3052	2	0.3049	3
宁德市	0.2785	9	0.2770	12	0.2802	11	0.2850	11	0.2865	9	0.2870	10
南平市	0.2715	15	0.2731	15	0.2747	13	0.2778	14	0.2811	12	0.2847	11
状态子系统												
新北市	0.3435	13	0.3444	13	0.3539	12	0.3482	12	0.3501	12	0.3744	13
台北市	0.3085	17	0.3092	17	0.3137	17	0.3078	17	0.3094	17	0.3361	16
桃园市	0.3248	15	0.3258	15	0.3307	15	0.3248	15	0.3265	15	0.3482	15
台中市	0.3463	12	0.3476	12	0.3521	13	0.3468	13	0.3488	13	0.3831	12
台南市	0.3291	14	0.3298	14	0.3355	14	0.3307	14	0.3332	14	0.3260	17
高雄市	0.3562	10	0.3781	10	0.3850	10	0.3812	10	0.3842	10	0.4341	10
基隆市	0.3526	11	0.3540	11	0.3593	11	0.3536	11	0.3555	11	0.3883	11
新竹市	0.3186	16	0.3193	16	0.3237	16	0.3185	16	0.3196	16	0.3653	14
嘉义市	0.3004	18	0.3016	18	0.3064	18	0.3006	18	0.3023	18	0.2999	18
福州市	0.4665	7	0.4693	7	0.4709	8	0.4731	8	0.4710	8	0.4791	8
厦门市	0.4289	9	0.4402	9	0.4430	9	0.4356	9	0.4388	9	0.4441	9
泉州市	0.4700	6	0.4760	6	0.4881	4	0.4883	4	0.4840	6	0.4888	5
漳州市	0.4621	8	0.4650	8	0.4760	7	0.4835	6	0.4866	5	0.4872	6
龙岩市	0.4812	2	0.4835	3	0.4828	5	0.4850	5	0.4871	4	0.4904	4
三明市	0.4792	3	0.4826	5	0.4935	3	0.4954	2	0.4986	3	0.5060	1
莆田市	0.4718	5	0.4834	4	0.4823	6	0.4818	7	0.4827	7	0.4848	7
宁德市	0.4770	4	0.4907	2	0.4940	2	0.4939	3	0.5030	1	0.5051	2
南平市	0.4997	1	0.4979	1	0.4978	1	0.5011	1	0.5004	2	0.4973	3

	2010 年	排名	2011 年	排名	2012 年	排名	2013 年	排名	2014 年	排名	2015 年	排名
	影响子系统											
新北市	0.3314	2	0.3249	7	0.3273	8	0.3296	8	0.3243	9	0.3331	8
台北市	0.3275	5	0.3377	4	0.3367	4	0.3403	4	0.3554	2	0.3433	4
桃园市	0.3085	10	0.3224	9	0.3205	9	0.3208	10	0.3667	1	0.3323	9
台中市	0.3196	7	0.3267	6	0.3280	7	0.3310	6	0.3344	6	0.3352	6
台南市	0.3313	3	0.3422	1	0.3424	2	0.3418	2	0.3411	5	0.3465	2
高雄市	0.3305	4	0.3394	3	0.3390	3	0.3408	3	0.3035	15	0.3455	3
基隆市	0.3344	1	0.3411	2	0.3431	1	0.3518	1	0.3546	3	0.3667	1
新竹市	0.3078	11	0.3183	10	0.3169	10	0.3259	9	0.3281	8	0.3335	7
嘉义市	0.3059	12	0.3096	12	0.3167	11	0.3173	11	0.3189	11	0.3165	12
福州市	0.3224	6	0.3301	5	0.3290	6	0.3334	5	0.3420	4	0.3413	5
厦门市	0.3183	8	0.3239	8	0.3317	5	0.3300	7	0.3301	7	0.3288	10
泉州市	0.3125	9	0.3120	11	0.3134	12	0.3151	12	0.3231	10	0.3203	11
漳州市	0.2872	14	0.2898	15	0.2924	14	0.2963	15	0.3045	13	0.3046	14
龙岩市	0.2870	15	0.2933	14	0.2921	15	0.2955	16	0.2954	17	0.2960	16
三明市	0.2913	13	0.2952	13	0.3008	13	0.3011	13	0.3104	12	0.3118	13
莆田市	0.2778	16	0.2780	17	0.2850	16	0.2874	18	0.3010	16	0.2982	15
宁德市	0.2756	17	0.2789	16	0.2798	17	0.2989	14	0.3035	14	0.2727	18
南平市	0.2731	18	0.2772	18	0.2767	18	0.2887	17	0.2927	18	0.2935	17
	响应子系统											
新北市	0.2252	3	0.2544	1	0.2376	3	0.2169	4	0.2191	3	0.2221	3
台北市	0.2379	1	0.2504	2	0.2525	1	0.2418	2	0.2422	1	0.2308	1
桃园市	0.1878	6	0.2049	7	0.2037	6	0.1905	9	0.1880	9	0.2168	4
台中市	0.1846	8	0.2337	4	0.2195	4	0.2043	5	0.2039	5	0.2030	6
台南市	0.1791	9	0.2161	5	0.2036	7	0.1927	8	0.1952	7	0.1972	8
高雄市	0.2239	4	0.2443	3	0.2444	2	0.2528	1	0.2372	2	0.2300	2
基隆市	0.1958	5	0.1911	8	0.2004	8	0.1973	6	0.1984	6	0.2007	7
新竹市	0.2330	2	0.2120	6	0.2086	5	0.2182	3	0.2173	4	0.2160	5

	2010 年	排名	2011 年	排名	2012 年	排名	2013 年	排名	2014 年	排名	2015 年	排名
嘉义市	0.1847	7	0.1839	9	0.1912	9	0.1948	7	0.1942	8	0.1967	9
福州市	0.1661	17	0.1659	13	0.1650	16	0.1596	17	0.1673	15	0.1626	18
厦门市	0.1675	16	0.1568	18	0.1596	18	0.1586	18	0.1527	18	0.1686	13
泉州市	0.1644	18	0.1629	17	0.1610	17	0.1639	16	0.1653	16	0.1665	14
漳州市	0.1704	14	0.1657	14	0.1715	11	0.1668	13	0.1692	12	0.1717	11
龙岩市	0.1768	10	0.1735	10	0.1734	10	0.1667	14	0.1697	11	0.1649	17
三明市	0.1715	13	0.1726	11	0.1660	15	0.1652	15	0.1674	14	0.1706	12
莆田市	0.1751	12	0.1662	12	0.1661	14	0.1673	11	0.1699	10	0.1653	16
宁德市	0.1702	15	0.1639	16	0.1665	13	0.1669	12	0.1635	17	0.1655	15
南平市	0.1752	11	0.1639	15	0.1712	12	0.1700	10	0.1681	13	0.1832	10
综合评价												
新北市	1.4424	7	1.4654	5	1.4545	8	1.4371	14	1.4364	15	1.4798	10
台北市	1.4474	5	1.4604	6	1.4628	5	1.4514	10	1.4712	7	1.4860	8
桃园市	1.3858	17	1.4192	15	1.4224	15	1.4081	17	1.4588	11	1.4670	14
台中市	1.4125	12	1.4759	3	1.4586	6	1.4496	13	1.4583	12	1.4938	6
台南市	1.3997	15	1.4494	9	1.4362	12	1.4270	15	1.4356	16	1.4341	17
高雄市	1.4649	1	1.5151	1	1.5205	1	1.5313	1	1.4846	3	1.5737	1
基隆市	1.4286	8	1.4269	11	1.4405	9	1.4555	8	1.4527	14	1.5128	2
新竹市	1.4156	11	1.4079	16	1.3983	17	1.4218	16	1.4232	17	1.4686	13
嘉义市	1.3565	18	1.3568	18	1.3899	18	1.3987	18	1.3961	18	1.3993	18
福州市	1.4518	3	1.4658	4	1.4658	4	1.4811	3	1.4957	2	1.5013	4
厦门市	1.4583	2	1.4801	2	1.4921	2	1.4909	2	1.4667	8	1.4956	5
泉州市	1.4517	4	1.4543	8	1.4693	3	1.4856	3	1.5005	1	1.5110	3
漳州市	1.3961	16	1.4021	17	1.4218	16	1.4503	11	1.4547	13	1.4623	15
龙岩市	1.4439	6	1.4594	7	1.4569	7	1.4719	5	1.4717	6	1.4813	9
三明市	1.4035	14	1.4199	14	1.4354	13	1.4499	12	1.4614	9	1.4931	7
莆田市	1.4176	10	1.4225	13	1.4335	14	1.4522	9	1.4752	5	1.4703	12

	2010 年	排名	2011 年	排名	2012 年	排名	2013 年	排名	2014 年	排名	2015 年	排名
宁德市	1.4092	13	1.4367	10	1.4374	10	1.4672	6	1.4775	4	1.4502	16
南平市	1.4257	9	1.4259	12	1.4373	11	1.4566	7	1.4611	10	1.4786	11

资料来源：作者整理。

三、闽台生态城市建设水平评价结果分析

1. 各子系统评价分析

驱动力子系统方面，台湾地区生态城市建设水平整体情况优于福建省。从排名情况来看，2010～2015 年，台北市连续六年蝉联榜首，基隆市紧跟其后；台中市为台湾地区驱动力表现最差的城市，2010～2013 年均处于第十名，而在后来的三年中，情况较有好转，上升至第九名和第八名。福建省九地市在驱动力方面的表现除厦门挤进了前九名，其余城市六年间均未超过第九名；各城市间在驱动力方面的评价值相差较小，表现最不好的为漳州市，2012 年后，均名列最后。从各城市六年间自身发展进步程度来看，十八个城市中除桃园市和台南市的驱动力评价值总体呈下降趋势外，其余城市评价值均呈上升趋势；但十六个城市无一城市的评价值是逐年上升的，均呈波动性增长。福建省九地市的生态建设速度整体上要快于台湾地区，其中南平市增长速度与幅度最快，即六年增长了 6.66%；台湾地区九地市中进步最大为基隆市和嘉义市，增长率均达到了 4.6% 以上。

压力子系统方面，台湾地区生态城市建设整体情况仍然优于福建省。闽台 18 个生态城市中，台北市、基隆市、新竹市和厦门市呈下降趋势，其余城市评价值均有增长。从各城市进步速度来看，台湾地区九地市均呈波动性变化，但是台湾地区九地市增长率整体上低于福建九地市。其中，福建省增长最快的为三明市，六年增长了 15.33%，福州市、泉州市、龙岩市、漳州市和莆田市增长率也达 7%～8%；台湾地区增长最快的为桃园市，六年增长了 2.41%。从排名情况来看，2010～2012 年，台湾地区九地市中有五个城市进入前九名，2013 年下降至四个城市，其中新竹市跌落至第九名后，2013 年和 2015 年都名列 12。相应地，福建九地市中前三年仅四个城市进入，在 2013 年福州进入前九名，其中

2014 年表现最好，名列第七。

　　状态子系统方面，台湾地区生态城市建设整体情况低于福建省。从构建的指标及数据来看，台湾地区的人均公园绿地面积统计范围为都市计划区辖区内，城市人口密度没有按城镇与农村等地域进行区分，使得台湾地区的生态城市建设中的状态子系统低于福建省。从各城市排名情况来看，六年间台湾地区九地市均未进入前九名。福建省九地市中表现最好的为南平市，2010～2013 年连续四年排名第一，2014 年和 2015 年虽有下降，但仍名列前三；龙岩市、宁德市和三明市六年间均在前五名中徘徊，漳州市、福州市及泉州市处于第五至第八名间，而福建省表现最差的是厦门市。台湾地区九地市中表现最好的城市为高雄市，六年间一直处于台湾地区的第一名，其次为基隆市；表现最差的为嘉义市，连续六年名列最后。值得注意的是，在状态子系统方面，2013 年台湾地区所有地市的评价值均呈下降变化，下降幅度均在 1%～2%。从各城市的增长情况来看，2015 年评价值与 2010 年评价值相比，下降的有台南市、嘉义市和南平市，但是下降率均未超过 1%；台湾地区城市在状态方面综合评价值晋升指数要高于福建，表现最好的为高雄市，有超过 21% 的增长；其次为新竹市，也有近 15% 的增长；福建九地市中增长幅度最大的为三明市，六年间增长近 6%。十八个城市中只有三明和漳州两个城市的评价值逐年稳步上升，其余城市均呈波动性变化。

　　影响子系统方面，台湾地区生态城市建设整体情况仍然优于福建省。从各城市的排名情况来看，2010～2015 年，各城市每年的排名均有细微的变化，但从整体排名情况来看，基隆市名列前茅，台南市表现次之；而高雄市前四年表现情况较好，排名均靠前，但在 2015 年名次跌落至十五名，跌幅较大；台湾地区地市中表现不好的为嘉义市，位于第十一名或第十二名。从各城市进步速度来看，六年间，进步最大的是基隆市，评价值增长 9.67%，其次为新竹市，增长率为 8.34%；而福建九地市中，进步最快的为南平市，评价值上升 7.45%，其次为莆田市，增长 7.35%。十八个城市中六年来影响评价值有所下降的仅宁德市，主要是 2015 年较 2014 年下降 10.14%，虽其余四年评价值都有上升，但由于上升幅度小，导致 2015 年评价值较 2010 年下降 1.05%。从十八个城市的增长趋势来看，台中市、基隆市、漳州市和三明市这四个城市六年间的综合评价值逐年上升，其余城市呈波动性增长。

响应子系统方面，台湾地区生态城市建设整体情况仍然优于福建省。各城市排名情况，六年间，位于前九名的均为台湾地区九个城市，其中台北市最好，其次为高雄市，最差的是嘉义市。而福建九地市在 2010～2012 年，表现最好的为龙岩市，但 2013 年后呈现不断下降的趋势，2015 年为所有城市的倒数第二；2013 年后，福建地市中表现最好的为南平市，均排名较前；厦门市、福州市、泉州市虽然这三个城市在生态城市建设评价中表现较好，但是在响应子系统方面，却是福建九地市表现很差的城市。从各城市自身进步情况来看，经过六年发展，评价值下降的城市有新北、台北、新竹、福州、龙岩、三明、莆田、宁德八个城市；其余城市的评价值虽有增加，但增长率均不大，尤其是厦门、漳州和泉州这三个城市，增长率均未超过 2%；增长幅度最大的为桃园市，六年间增长 15.43%。六年来，十八个城市评价值均呈波动性变化。

2. 综合评价分析

总体上，台湾地区生态城市建设整体情况要优于福建省。由于一些指标中的数据统计范围在台湾地区与福建省存在不一致（详细见表 5－1 备注），其中福建省的环境保护支出占政府财政支出值比重较低，其他八个指标台湾地区数据统计没有区分城镇与农村，相关数据相对较低，使得台湾地区生态城市建设评价值与各子系统值相对较低。从表 5－2、图 5－1 可知，2010～2015 年闽台两地生态城市建设均呈上升趋势，其中泉州、漳州、三明、南平四个城市逐年上升，其余城市呈波动性变化，但从总体发展情况来看，2010～2015 年各城市综合评价值均有增长。从十八个城市综合排名来看，高雄除 2014 年外均为第一名，厦门在 2010～2013 年连续四年位居第二，但在随后的两年就下降至第八名和第五名。六年期间，福州有四年处于第四名，而 2010 年和 2014 年分别为第三名和第二名。嘉义市连续六年名列最后，桃园、台南、新竹和漳州在十八个城市中处于较靠后的名次。从十八个城市的进步情况来看，高雄增长最快，六年综合评价值增长了 7.43%，其次为三明，六年增长率为 6.38%；桃园、台中和基隆这三个城市的综合评价值增长率均在 5.8% 左右，泉州和漳州的增长率超过 4%；新北、台北、台南、厦门、龙岩及宁德增长率均超过 3%，其中台南的进步最小，六年综合评价值仅上升 2.45%。

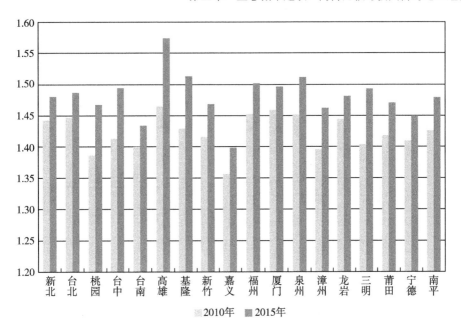

图 5 - 1　2010 年与 2015 年闽台 18 个生态城市建设水平综合评价对比

四、闽台生态城市建设水平评价聚类分析

1. 生态城市建设水平标准分析

根据生态城市建设水平不同，结合前人研究的成果分类，将各个子指标分为重建、薄弱、达标、均衡、发达五级，其建设水平等级评估的具体标准如表 5 - 3 所示。

表 5 - 3　生态城市建设水平分级标准

建设水平指数 V	0 < V < 0.5	0.5 ≤ V < 0.65	0.65 ≤ V < 0.7	0.7 ≤ V < 0.8	0.8 ≤ V < 1
等级分类	重建	薄弱	达标	均衡	发达

资料来源：作者整理。

2. 生态城市建设水平聚类分析

考虑到变量个数有 20 个，而地区的数量仅有 18 个，变量数大于地区数量，

会影响聚类效果，因此首先进行 PCA 分析，减少变量个数。图 5 – 2 给出了 PCA
分析的主成分图及解释的方差与主成分个数的趋势图，可以看出仅五个变量就已
经解释了 80% 左右的方差，因此变量间具有比较强的共线性。根据一般的经验，
解释的方差为 90% 就可以视为比较好的结果，据此选择了 10 个主成分时，对应
的累计解释方差为 91.63%，对应特征值为 0.3593004。

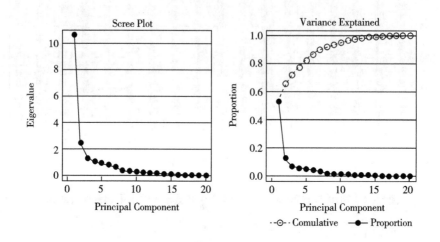

图 5 – 2　主成分分析图

为了更准确地选择变量，运用方差聚类法，对各变量可以解释的方差进行聚
类分析，取最大的特征值为 0.35，略小于前文提到的 0.3593004，并获得变量的
聚类图，最终分为 11 个类。同时在每个类中选择一个变量，共得到 11 个变量，
这 11 个变量将用于对 18 个地区进行分类。

在进行面板聚类时，为了避免变量取值范围不同对聚类结果的影响，需要对
数据进行标准化，本研究选择的方法为极化标准化，将数据按下式缩放到 [0,
1]：

$$X_{iij} = \frac{X_{ijt} - \min x_j}{\min x_j}$$

其中，X_{iij} 表示第 i 个地区在 t 时期第 j 个变量的取值，表示第 j 个变量的所有
取值。图 5 – 3 给出了不同聚类数下的各统计量值。ccc 为立方聚类标准，它与伪
F 统计量、伪 T 方统计量都是取值越大越好。从伪 T 方统计量来看，聚类数为 3、

6、9、12 时，统计量恰好取较大的值。因此较为合适的分类数应该为 2 或 3。

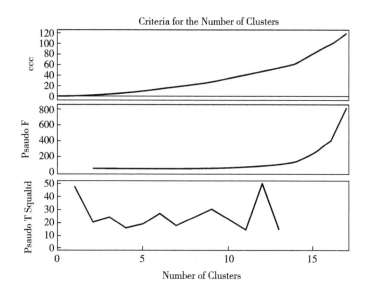

图 5 - 3 聚类数与统计量的关系

图 5 - 4 给出了聚类的谱系图。从图中来看，最大类数取 2 时，所有城市被明显地分为两类，一类属于中国台湾地区，而另一类属于福建省。这表明台湾地区与福建的发展仍有较大的差别。取分类数为 3 时，宁德与南平为一类，其他属于福建省的城市为一类，而中国台湾地区的城市为一类。这说明宁德与南平的发展比较接近，而台湾地区和福建省各个城市的发展则整体比较一致。

五、小结与思考

基于 DPSIR 概念模型构建了闽台生态城市建设水平评价体系，通过对闽台 18 个生态城市建设水平的综合评价分析与纵横向比较，研究结果表明：①台湾地区生态城市建设水平整体情况要优于福建省。②福建厦门、福州和泉州等城市生态建设水平已达到甚至超过台湾地区生态城市建设水平，但是台湾地区的桃园、新竹和嘉义等生态城市建设水平落后于福建生态城市建设水平。③从五个子系统表现情况来看，除状态子系统外，其余子系统台湾地区各城市表现要优于福建九个城市；在响应子系统方面，台湾地区各城市与福建九个城市相差最大。④高雄市是闽台 18 个城市中生态城市建设水平评价值最高的，同时也是六年期间增长幅度最大的城市；三明市虽在福建九地市中表现不是最佳，但其进步速度最快，仅次于高雄。⑤无论闽台 18 个生态城市在各个年份各子系统的表现情况怎样，经过六年的发展，各城市在生态城市建设方面均有进步，但上升幅度均不是很大。

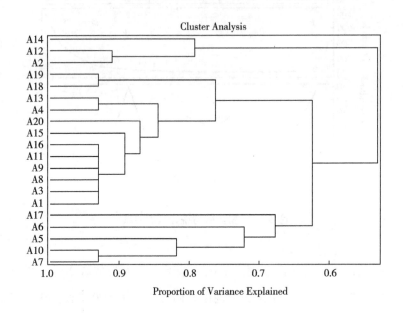

图 5-4　变量的方差聚类树状图

所得评价结果基本符合台湾地区与福建省生态城市建设的实际，对于借鉴台湾地区生态城市经验，提高福建省及其他生态城市建设有一定的参考意义。根据以上分析结果可知，提高福建省生态城市建设还需要多方面努力，例如加大环境污染治理，实施环境治理责任制与审计制；提高绿色森林建设，增加森林、绿地面积等资源的保有量，提升生态环境承载力；加强财政对环境保护的支出，不断建设生态城市环境基础设施，建设海绵城市与生态型城市；构建公众参与生态城市建设的机制，提升公众参与生态城市建设的自觉度与积极性，发挥多元治理的作用，建设美丽城市。同时，对闽台生态城市建设水平比较研究，是基于 DPSIR 模型构建的评价体系，由于受到主客观等因素的制约，评价指标体系仍有待于完善，闽台数据收集范围存在不一致性，模型设计与统计分析等还需进一步探讨与完善。

第三节　我国台湾地区生态城市建设的经验及启示

一、积极参与环境保护相关规定的构建与完善

台湾地区公众具有较好的环境保护理念，认为要真正实现生态城市可持续健康发展，就必须要有相关的规定给予保障。因此，以政府为牵头，NGO 组织积极推动，以及媒体与企业的广泛参与，和广大群众的主动融入与支持，不断构建与完善环境保护相关规定，如《环境损害责任规定》《室内空气质量管理规定》《环境教育规定》《温室气体减量规定》《清净家园全民运动计划》《环保旅馆计划》及《全民二氧化碳减量运动项目》等多项规定。现已形成了覆盖环境保护各个领域、门类齐全、功能完备、措施有力的环境约束体系。这些环境规定的制定虽然在某种程度上约束了民众和企业的环境治理行为，但最终促使公众形成良好的环境保护意识，使得公众把履行生态环境保护作为社会责任和日常生活的组成部分。

二、重视与开展环境宣传教育

台湾地区非常重视公众生态城市环境相关规定的宣传与教育，台湾地区当局对所有公众（包含小学生到老年人）都能接受生态环境与可持续发展教育的渠道与机会。早在 2011 年台湾地区实施"环境教育地方规定"，要求公众认识到个人行为与社会环境之间的密切关系，通过各种渠道开展生态环境教育宣传，提升公众生态环境意识与素养，增强公众生态环境建设与监督的责任。台湾地区在推行公众生态环境宣传教育具有相应的亮点，采取了多元化手段，具体如下：一是构建政府与学校、社区、企业、第三方组织等合作的永续发展机制，建设永续教育推动中心等学习空间平台。二是建立公众参与机制，发动社区居民参与公共事

务的研讨、规划、建设与监管等各个行为，尤其发挥公众对其他公众违反生态环境保护行为的监管作用，使得生态环境建设更加多元化、日常化与机制化。三是建设旧社区改造计划，构建社区发展体系，调动社区力量，开展各类生态环境建设相关主题的活动，推动环保行动及理念建设。四是构建新闻媒体与环保组织的监督机制，充分发挥新闻媒体与自媒体等媒介的环保宣传作用，以及发挥环保组织、科研院所等机构对公众生态环境保护的意识与行为引导，和对公众生态环境行为的监督，有效地制约了破坏生态环境的行为。

三、构建比较健全的垃圾处理体系

在垃圾处理方面，实现了从源头到回收再利用的循环。1984 年，出台了《都市垃圾处理方案》；1991 年，台湾地区相关部门核定《垃圾处理方案》；1995 年，台湾地区全面实施垃圾强制分类，垃圾处置以源头减量、资源回收为优先；1997 年，开始推动《资源回收四合一计划》，加强垃圾减量及资源回收；2001 年，再推动家庭厨余物回收；2003 年，开始推动垃圾零废弃政策；2005 年，推动垃圾强制分类。随着垃圾分类和资源回收政策的推行，台湾地区生活垃圾产生量逐年下降。现今，台湾地区生态环境保护建设处于比较成熟的时期，台湾地区当局已经构建比较完善的环境保护建设规范体系，从低碳建筑、低碳生活、资源循环、节约能源、再生能源、绿色运输与环境绿化等各个方面制定相应规章制度，公众的生态环境保护意识已经成为普遍理念，并体现在各个方面。

四、重视与支持环保义工的作用

台湾地区生态城市建设不仅是当地政府的事情，更是广大公众的义务，广大公众已经形成积极的环保治理意识行为。现阶段，台湾地区非常重视与支持环保义工的行为，积极发挥环保义工的作用，社会组织中有大量由社会各界人士组成的义工，每天自愿加入环境保护和资源再利用等各项环保建设工作。根据不完全统计，仅在台北市地区就有 5000 个左右慈济环保站，每天参与生态环境建设工作的义工多达近 6.5 万人。通过重视与支持环保义工的建设作用，充分调动公众反映、参与、监督环保建设的自觉性和主动性。

五、我国台湾地区生态城市建设的启示

台湾地区公众积极参与生态城市建设，具有较好的经验，对我国其他省份开展生态城市建设具有较好的启示，主要包括如下几个方面：①充分发挥生态城市建设体系中各个社会主体的不同作用。台湾地区生态城市建设中，充分发挥了各个主体公众的参与性，体现了多元化与多样化，尤其是非政府组织与广大群众的主动融合与参与，媒体与社会公众的监督，促使相关主体以不同的形式融入生态城市建设。②加强生态城市环境伦理与生态文化教育，提高公众的环境素养。台湾地区构建一整套的生态城市建设教育体系，在不同教育学习阶段开展生态环境教育认识、情感与责任，不断地培育培养公众尊重生态自然、顺应生态自然、保护生态环境的意识，塑造公众自觉自发的建设保护生态环境行为与氛围，形成人与人、人与自然、人与社会和谐的社会形态。③构建比较齐全的生态城市建设法律体系。从政府到企业、非政府组织与广大群众等，都充分重视法律在生态城市建设中的重要作用，认为构建比较齐全的法律体系是对生态城市建设最好的保障。

第六章 生态城市建设：
环保行为与满意度

改革开放 40 多年来，我国经济快速发展，但同时也带来了诸如交通拥挤、空气质量下降、水污染严重等城市生态环境问题，引起了人们的广泛关注。面对这一系列环境问题，党的十七大首次提出建设生态文明的任务，十八大又提出"把生态文明建设放在突出地位，融入经济、政治、文化、社会建设各方面和全过程，努力建设美丽中国"的战略目标。党的十八届三中全会通过的《中共中央关于全面深化改革若干问题的决定》中将"加快生态文明制度建设"作为重要改革内容安排部署，提出了更加具体的目标和要求。城市生态建设已成为全民参与的一项重要活动，各地方政府、企业、人民群众在党中央政策的引导下也积极投身于生态城市建设中。建立公众参与机制是生态城市建设的重要途径，生态治理需要发挥公众的参与，其中分析生态城市建设满意度、存在问题及影响因素等，有利于引导人们更好地投身于生态城市建设中。

第一节 相关理论分析

一、概念提出

国外学者对生态环境问题早有关注，对生态环保行为的影响因素解释众多，主要有社会心理因素、人口特征、外部因素三个方面。在社会心理因素方面，主要包括态度、行为控制、价值观、信念、敏感度、责任等（Ajzen）。Kaiser 借助于计划行为理论对 895 名瑞士公众的环境行为进行探讨，发现感知到的行为控制对环境行为有显著的影响，但加入行为态度、主观规范两个变量时，发现其对环保行为影响甚微；而 Hungerford 等提出环境素养模式，包括态度、环境敏感度、价值观、信念、环境知识、生态学概念、环境行为策略以及控制观八个变量，此后，Sia、Marcinkowski 对这一模式加以完善修改。Stern 提出价值—信念—规范理论，认为环保行为受人们环保责任感的影响，利己价值观对环保行为起着负向作用。Bamberg 在总结 Ajzen、Stern 等学者研究基础上，指出环境行为受到问题意识、内在归因、社会规范、内疚感、感知到的行为控制、态度、道德规范及行为意向八个因素的综合影响。

人口特征方面的因素主要包括年龄、性别、受教育程度、收入、居住地等因素。在对性别的研究方面，龚文娟对中国城市公众进行研究发现女性对环境关心程度要低于男性，而在环境友好行为方面，女性更倾向于私人领域，男性对公共环境领域表现得比女性要更为积极。Davidson 认为男性比女性更加注重环境保护，但洪大用与肖晨阳通过研究发现性别对环境保护影响不显著。在收入对环保的影响方面，没有达成一致研究结果，有学者研究发现收入与环保行为呈显著的正相关关系；也有学者通过研究发现收入对城市公众的环保行为没有显著影响，但对农村公众的环保行为有很大的影响。此外不少学者对社会阶层以及地域的影响也进行了探讨。

国内外相关学者对外部因素的探讨相比社会心理因素和人口特征起步要晚，Guagnano 等在研究废品回收行为时提出环境行为受到环境态度与外在条件的共同作用，包括社会结构、社会制度、经济动力等。童燕奇通过对政府官员和企业主管的调查，认为一个地区的环境污染越严重，公众越会保护环境。

通过对已有文献的分析发现，国内外学者对生态环保行为的研究比较丰富，但是也存在诸多不足之处：如忽视了政府的引导作用，政府在生态环保建设中发挥着很大的作用，一个地区的生态状况公众是否满意，与政府对生态环保的投入分不开，政府生态环保建设的好坏直接关系着政府的公信力，好的政府公信力对社会具有凝聚和导向作用。基于此，本研究将借助 CGSS2013 年数据，以城市公众作为总体样本，引入公众对政府生态城市环保建设满意度、环保知识两个因素对公众环保行为的影响进行着重分析，并引入性别、年龄、受教育程度、个人经济年收入、工作单位类型、婚姻状况、环境污染敏感度作为控制变量。

二、研究假说

1. 政府生态环保建设满意度与生态环保行为

公众对政府生态城市环保建设的满意度是政府公信力的一种表现，政府公信力是政府权威的重要来源，良好的政府公信力对社会具有凝聚和激励作用。有学者通过对政府生态城市环保建设满意度研究发现，公众对政府生态城市环保建设越满意，越倾向采取环境保护行为。面对日益污染的生态环境状况，生态环境建设成为政府的主要职能之一，但公众的力量对生态环境也非常重要。政府的生态城市环保建设令公众满意，公众受到潜移默化的影响，会更加积极主动地参与到生态环保建设中。一般而言，地方政府与公众的关系更加亲密，对公众行为影响较大；相对于地方政府而言，中央人民政府生态城市环保建设满意度对公众的环保行为影响较小。基于上述内容，本书提出如下假设：

H1：地方政府生态环保建设满意度比中央人民政府生态环保建设满意度对公众的生态环保行为影响大。

2. 生态环保知识与生态环保行为

生态环保知识是对生态环境状况和生态环境相关问题的一个认知，比如，汽车尾气会不会对人体健康造成威胁，白色污染是什么，CO_2 会不会造成气候变暖，等等。根据 Hungerford 提出的环境素养模式和 Hines 提出的负责任的环境行为模式，认为生态环境问题知识对生态环境行为有显著的影响，公众对生态环境的认知会影响公众的生态环保态度，而公众的生态环保行为受公众态度的影响；王凤（2008）实证分析得出生态环保知识与生态环保行为之间显著相关；欧阳斌等（2015）认为公众的生态环保意识、生态环保知识等与生态环保行为有显著的正向影响关系。公众对生态环境知识掌握得越多，越明白生态环境保护的重要性，越倾向采取积极的生态环保行为；相反，公众对生态环境知识了解较少，就不会知晓保护生态环境与我们的生活健康、经济发展息息相关，更不会采取友好的生态环境行为。由于公众的生态环保知识会产生不同的环保习惯，生态环保知识也会产生不同的环保责任意识与法律意识，并且产生对生态环保治理的敏感度，这些都可能对生态环保行为产生密切的正向关系。综上，本书提出如下假设：

H2：公众生态环保知识与生态环保行为存在正相关关系。

H3：公众生态环保习惯与生态环保行为存在正相关关系。

H4：公众生态环保责任意识与生态环保行为存在正相关关系。

H5：公众生态环保法律意识与生态环保行为存在正相关关系。

H6：公众对生态环境敏感度与生态环保行为存在正相关关系。

第二节　数据来源与模型建构

一、数据来源

本研究将采用 CGSS2013 数据进行研究，其调查范围覆盖了中国 32 个省份，覆盖面广；调查采取 PPS 等概率抽样调查，误差较小，精确度达 95% 以上，运用其对中国公众生态城市环保行为进行分析具有很好的代表性和综合性。在剔除关键变量的缺失值和无效数据后，共有 2278 个有效样本。

样本中男性占 57.61%，女性占 42.39%；年龄变量中，由于样本年龄范围为 17～97 岁，所以 18 岁以下的仅占 0.96%，但这对年龄变量的研究影响不大，因为 18 岁以下的未成年人的行为较为单一，主要是学习，所采取的环境行为较少；19～45 岁的青年人所占比例为 43.5%；45～60 岁的中年人占 30.21%；60 岁以上的老年人占 25.33%。从样本受教育程度来看，小学及以下所占比例为 19.93%，初中为 29.93%，高中及中专比例占 24.11%，大学及以上占 26.03%。从公众的类型来看，非营利性质的占总样本的 13.66%，企业占 21.78%，其他民众占 64.56%，其中非营利组织主要包括党政机关、事业单位、社会团体、居/村委会以及军队。

二、变量与测量

生态环境行为这一概念被提出后，至今仍没有达成一致定义，对生态环境行为的分类，更是见仁见智。从广义上说，生态环境行为主要分为积极的生态环境行为与消极的生态环境行为，或生态环境保护行为与生态环境破坏行为，本书采用的是积极环保行为。在国外学者生态环保行为上，比较代表性的观点有 Hines 等将生态环保行为分为说服、财务行动、生态管理、法律行动、政治行动五个方面；Stern 将生态环保行为分为激进的环境行为、公共领域非激进行为、私人领域的环境行为、其他具有环境意义的行为。我国学者也对其进行了研究，主要有刘辉将生态环保行为分为目的导向的和结果导向的两种；李林从生态环保行为实行的难易程度、生态环保行为主体的态度积极性和生态环保行为作用的效果三个方面将其分为简单和复杂的、主动和被动型、直接易显型和间接隐蔽型的环保行为；彭远春将其分为公共领域的生态环保行为和私人领域的生态环保行为。本书根据国内外学者观点，将 CGSS2013 数据中关于生态环保行为的 10 个问题归纳为生态环保习惯、生态环保责任、生态环保参与、生态环保法律四类，其中表示生态环保习惯的问题有垃圾分类投放、采购日常用品时自己带购物篮或购物袋对塑料包装袋进行重复利用；生态环保责任包括与自己的亲戚朋友讨论环保问题，为环境保护捐款，自费养护树林或绿地，主动关注广播、电视和报刊中报道的环境问题和环保信息；表示生态环保参与的有积极参加政府和单位组织的环境宣传教育活动、积极参加民间环保团体举办的环保活动；生态环保法律包括积极参加要求解决环境问题的投诉、上诉，四种类型的环保行为的具体情况见表 6 - 1。

本书采用赋值的方式对公众的生态环保行为进行分析，将公众所回答的"从不"记为 0 分，"偶尔"记为 1 分，"经常"记为 2 分，并且删除了拒绝回答的和不知道的数据。由于衡量生态环保习惯、生态环保责任、生态环保参与、生态环保法律的问题个数不一，本书将采用加总平均的方法来衡量四种类型的环保行为的得分情况，得分越高者，表明其生态环境行为越友好。信度检验表明，Cronbach's alpha 系数为 0.7458，表明量表内部信度一致性比较好，可以进行累加。

表6-1　生态城市公众生态环保行为状况　　　　　　　　单位:%

环保行为类型	行为（活动）	从不	偶尔	经常
生态环保习惯	垃圾分类投放	46.56	35.68	17.76
	采购日常用品时自己带购物篮或购物袋	21.05	33.95	45
	对塑料包装袋进行重复利用	15.36	29.41	55.24
生态环保责任	与自己的亲戚朋友讨论环保问题	33.91	52.95	13.14
	为环境保护捐款	75.33	22.06	2.61
	自费养护树林或绿地	80.88	14.10	5.02
	主动关注广播、电视和报刊中报道的环境问题和环保信息	31.34	46.85	21.82
生态环保参与	积极参加政府和单位组织的环境宣传教育活动	67.42	26.20	6.39
	积极参加民间环保团体举办的环保活动	77.26	19.45	3.29
生态环保法律	积极参加要求解决环境问题的投诉、上诉	87.3	12.7	0

资料来源：作者整理。

自变量包括公众对政府生态环保建设的满意度及其环保知识。公众对政府生态环保建设的满意度包括两个问题，在 CGSS2013 数据中没有直接反映公众对政府生态环保建设满意度的变量，这里将用"您认为五年来，中央/地方政府环境保护工作做得怎么样"来代替。将"片面注重经济发展，忽视了环境保护工作""重视不够，环保投入不足""虽尽了努力，但效果不佳""尽了很大努力，有一定成效"、"取得了很大成绩"五种回答分别表示为"非常不满意""不满意""一般""满意""非常满意"，并将其分别赋值为1、2、3、4、5分，具体满意度情况见表6-2。

在 CGSS2013 数据中，用10个问题来考察公众的生态环保知识（具体问题见表6-3），其中第1、第3、第5、第7、第9题的答案是错误，第2、第4、第6、第8、第10题的答案是正确，为了方便统计被调查者回答的正误情况，将采取赋值的方法，对实际判断为正确的赋值为1分，错误的为0分。由于在这一变量中回答"不知道"的人数太多，为了保证样本量，本书将回答"不知道"的纳入回答错误中，公众的具体生态环保知识掌握情况如表6-3所示。信度检验表明，Cronbach's alpha 系数为0.7765，表明具有较好的内部一致性信度，可以进行量表累加，将 10 个问题的得分进行加总来衡量最后公众的生态环保知识掌握情况。从表 6-3 和表 6-4 中可以看出我国民众的生态环保知识并不是十分的理想，10 个问题都回答对的人很少，仅占总样本人数的 9.12%，10 个问题一个都没有回答对的人也存在少数，大部分都能答对 5~8 题。

表 6-2 公众对政府生态环保建设满意度状况 单位：%

满意度 级别	非常不满意	不满意	一般	满意	非常满意
中央	10	16.63	25.75	38.05	9.56
地方	12.58	22.02	24.15	33.99	7.27

资料来源：作者整理。

表 6-3 公众生态环保知识问题回答正误情况 单位：%

环境保护知识	答案属性	正确	错误
1. 汽车尾气对人体健康不会造成威胁	错误	86.86	13.14
2. 过量使用化肥农药会导致环境破坏	正确	88.11	11.89
3. 含磷洗衣粉的使用不会造成水污染	错误	71.88	28.12
4. 含氟冰箱的氟排放会成为破坏大气臭氧层的因素	正确	59.94	40.06
5. 酸雨的产生与烧煤没有关系	错误	55.16	44.84
6. 物种之间相互依存，一个物种的消失会产生连锁反应	正确	65.25	34.75
7. 空气质量报告中，三级空气质量意味着比一级空气质量好	错误	32.38	67.62
8. 单一品种的树林更容易导致病虫害	正确	55.77	44.23
9. 水体污染报告中，Ⅴ（5）类水质意味着要比Ⅰ（1）类水质好	错误	21.78	78.22
10. 大气中二氧化碳成分的增加会成为气候变暖的因素	正确	66.01	33.99

资料来源：作者整理。

表 6-4 公众生态环保知识掌握情况

得分（分）	0	1	2	3	4	5	6	7	8	9	10
占样本比例（%）	1.49	3.05	6.11	9.00	9.20	11.53	12.37	13.90	14.38	9.84	9.12

资料来源：作者整理。

表 6 – 5　模型变量说明与描述性统计

变量	变量定义	均值	标准差
生态环保习惯	三个变量的平均得分 从不 = 0 偶尔 = 1 经常 = 2	1.12	0.55
生态环保责任	四个变量的平均得分 从不 = 0 偶尔 = 1 经常 = 2	0.55	0.40
生态环保参与	两个变量的平均得分 从不 = 0 偶尔 = 1 经常 = 2	0.33	0.46
生态环保法律	一个变量的得分 从不 = 0 偶尔 = 1 经常 = 2	0.13	0.33
总体生态环保行为	十个变量的平均得分 从不 = 0 偶尔 = 1 经常 = 2	0.63	0.35
对中央人民政府生态环保建设满意度	非常不满意 = 1 不满意 = 2 一般 = 3 满意 = 4 非常不满意 = 5	3.21	1.13
对地方政府生态环保建设满意度	非常不满意 = 1 不满意 = 2 一般 = 3 满意 = 4 非常不满意 = 5	3.01	1.16
生态环保知识	十个变量累计得分，正确 = 1 错误 = 0	6.03	2.57
生态环境问题感知	十个变量累计得分 没有该问题 = 0 不严重 = 1 不太严重 = 2 一般 = 3 比较严重 = 4 很严重 = 5	26.41	13.91
年龄	连续变量岁	22.76	14.90
个人年收入	取个人年收入的对数	9.87	1.12
性别	女性 = 0（作为参照）男性 = 1	1.42	0.49
婚姻状况	已婚 = 1 未婚 = 2 其他 = 3（作为参照）	1.94	0.44
工作单位/公司类型	非营利性组织 = 1 企业 = 2 其他 = 3（作为参照）	2.51	0.72
受教育程度	小学及以下 = 1（作为参照）初中 = 2 高中及中专 = 3 大学及以上 = 4	2.56	1.08

资料来源：作者整理。

本书的控制变量包括公众对生态环境问题感知、年龄、个人年收入、性别、受教育程度、婚姻状况、工作单位/公司类型八个。其中 CGSS2013 中，公众对生态环境问题感知程度用 12 个问题来衡量，分别是空气污染、水污染、噪声污染、工业垃圾污染、生活垃圾污染、绿地不足、森林植被破坏、耕地质量退化、淡水资源短缺、食品污染、荒漠化、野生动植物减少，通过对量表信度的检验，Cronbach's alpha 系数为 0.9716，具有很高的内部一致性，可以进行量表累加，将"没有该问题""不严重""不太严重""一般""比较严重""很严重"分别赋值为 0、1、2、3、4、5，被调查者的生态环境问题感知程度为 12 个问题的得分总和，得分越高者，其感知到的生态环境问题越严重。对受教育程度这一变量的处理，本书将样本中的 14 类文化水平分类成 4 类，分别为小学及以下、初中、高中及中专、大学及以上，并以小学及以下为对照组。样本中给出的工作单位/公司类型有 7 种，这里将其分为"非营利性组织""企业""其他"，并以其他为对照组。

第三节　结果与分析

本书运用 Stata12.0 分析软件对公众生态环保行为的影响因素进行多元线性回归分析，在进行回归分析前，对模型可能存在多重共线性、异方差以及内生性问题进行了检验，结果表明各模型的 VIF 值（方差膨胀因子）均大于 1 小于 2，因此不存在多重共线性问题；采用 Ovtest 检验模型不存在内生性问题；运用 White 检验发现模型存在异方差现象，本书处理的方法是，仍对其进行 OLS 回归，但使用异方差情况下也成立的稳健标准误。具体研究结果见表 6 - 6，其中模型一、模型三、模型五、模型七、模型九是对控制变量的回归模型，模型二、模型四、模型六、模型八是对所有变量进行回归的模型。具体模型公式为：

$$Y_{1i} = \alpha + \beta_{11}(pol) + \beta_{12}(age) + \beta_{13}(inc) + \beta_{14}(reg) + \beta_{15}(mar) + \beta_{16}(job) + \beta_{17}(edu)$$

$$Y_{2i} = \alpha + \beta_{21}(pol) + \beta_{22}(age) + \beta_{23}(inc) + \beta_{24}(reg) + + \beta_{25}(mar) + \beta_{26}(job) + \beta_{27}(edu) + \beta_{28}(sat1) + \beta_{29}(sat2) + \beta_{30}(kno)$$

其中，Y_{1i} 表示的是模型一、模型三、模型五、模型七、模型九，仅仅引入控制变量，pol、age、inc、reg、mar、job、edu、$sat1$、$sat2$、kno 分别表示生态环境问题敏感度、年龄、个人年收入、性别、婚姻状况、工作单位类型、受教育程度、中央人民政府环保建设满意度、地方政府环保建设满意度、生态环保知识。

一、生态环境保护建设满意度与生态环保行为

从模型二中可以看出公众对中央与地方政府生态环保建设满意度都有显著影响。但公众对中央人民政府生态环保建设满意度对其生态环保习惯呈负相关关系，

表6-6 公众生态环保行为影响因素的回归模型

变量	生态环保习惯		生态环保责任		生态环保参与		生态环保法律		总体生态环保行为	
	模型一	模型二	模型三	模型四	模型五	模型六	模型七	模型八	模型九	模型十
常数项	0.600***	0.511***	-0.227*	-0.395***	-0.364***	-0.488***	-0.229**	-0.185*	0.000	-0.113
	(0.160)	(0.164)	(0.121)	(0.121)	(0.135)	(0.138)	(0.100)	(0.102)	(0.101)	(0.102)
生态环境污染敏感度	0.002*	0.002**	0.002***	0.002***	0.001*	0.002**	0.002***	0.002**	0.002***	0.002***
	(0.001)	(0.001)	(0.001)	(0.001)	(0.001)	(0.001)	(0.001)	(0.001)	(0.001)	(0.001)
年龄平方	0.000	0.000	-0.000**	-0.000**	-0.000*	-0.000*	-0.000*	-0.000*	0.000	-0.000*
	(0.000)	(0.000)	(0.000)	(0.000)	(0.000)	(0.000)	(0.000)	(0.000)	(0.000)	(0.000)
年龄	0.001	0.002	0.009**	0.009***	0.007*	0.007*	0.005*	0.005*	0.006*	0.006**
	(0.005)	(0.005)	(0.003)	(0.003)	(0.004)	(0.004)	(0.003)	(0.003)	(0.003)	(0.003)
个人年收入	0.016	0.007	0.030***	0.024***	0.031***	0.028**	0.016**	0.015	0.022***	0.016**
	(0.012)	(0.012)	(0.009)	(0.009)	(0.010)	(0.010)	(0.008)	(0.008)	(0.008)	(0.007)
性别	0.174***	-0.174***	0.012	0.010	0.016	0.018	0.016	0.019	-0.041***	-0.040***
	(0.022)	(0.022)	(0.016)	(0.016)	(0.019)	(0.019)	(0.015)	(0.014)	(0.014)	(0.014)
未婚	0.128**	0.094	0.086*	0.062	0.062	0.046	0.017	0.014	0.085**	0.062
	(0.060)	(0.059)	(0.045)	(0.044)	(0.053)	(0.053)	(0.038)	(0.037)	(0.039)	(0.038)
已婚	0.096**	0.083*	0.055*	0.042	-0.018	-0.027	-0.009	-0.008	0.048*	0.037
	(0.045)	(0.043)	(0.033)	(0.032)	(0.037)	(0.038)	(0.026)	(0.026)	(0.028)	(0.028)
非营利性组织	0.020	-0.026	0.059**	0.050*	0.226***	0.223***	0.028	0.031	0.066**	0.060**
	(0.037)	(0.036)	(0.028)	(0.027)	(0.037)	(0.037)	(0.028)	(0.028)	(0.024)	(0.024)

续表

变量	生态环保习惯		生态环保责任		生态环保参与		生态环保法律		总体生态环保行为	
	模型一	模型二	模型三	模型四	模型五	模型六	模型七	模型八	模型九	模型十
企业	0.041	0.037	-0.009	-0.009	0.040	0.041	0.001	0.000	0.019	0.018
	(0.029)	(0.029)	(0.022)	(0.022)	(0.026)	(0.027)	(0.020)	(0.020)	(0.018)	(0.018)
初中	0.070**	0.043	0.073***	0.053**	0.063**	0.052**	0.005	0.006	0.066***	0.048**
	(0.034)	(0.033)	(0.024)	(0.024)	(0.025)	(0.025)	(0.019)	(0.019)	(0.020)	(0.020)
高中及中专	0.194***	0.148***	0.143***	0.109***	0.093***	0.076**	0.020	0.020	0.144***	0.114***
	(0.038)	(0.038)	(0.027)	(0.027)	(0.030)	(0.030)	(0.023)	(0.023)	(0.023)	(0.023)
大学及以上	0.263***	0.198***	0.216***	0.169***	0.179***	0.156***	0.064**	0.064**	0.218***	0.178***
	(0.045)	(0.045)	(0.033)	(0.033)	(0.038)	(0.039)	(0.030)	(0.031)	(0.028)	(0.028)
中央人民政府环保建设满意度		-0.034***		0.002		-0.01		-0.023***		-0.013*
		(0.012)		(0.009)		(0.010)		(0.008)		(0.007)
地方政府环保建设满意度		0.050***		0.031***		0.044***		0.019***		0.040***
		(0.012)		(0.008)		(0.009)		(0.007)		(0.007)
生态环保知识		0.030***		0.026***		0.012***		-0.003		0.021***
		(0.005)		(0.003)		(0.004)		(0.003)		(0.003)
调整后的 R^2	0.140	0.164	0.106	0.135	0.1220	0.133	0.022	0.025	0.165	0.195
N	2278	2278	2278	2278	2278	2278	2278	2278	2278	2278

注：括号内的数字为调整后的稳健标准误，*、**、***分别表示10%、5%、1%的显著水平。

说明公众对中央人民政府生态环保建设越满意，其生态环保习惯越不好。这可能是由公众对中央人民政府政策行为的依赖造成的，公众认为政府有能力保护生态环境，不需要自身参与生态环境保护。而地方政府生态环保建设满意度对生态环保习惯有正向作用，表明公众对地方政府生态环保建设越满意，其生态环保习惯越好。这可能是由于地方政府对公众的日常行为有潜移默化的影响，政府在生态环保方面所做的努力会对公众形成表率作用，激励公众投身于生态环境保护建设中。从模型四中可以看出，公众对中央人民政府生态环保建设满意度对生态环保责任没有显著影响，而公众对地方政府生态环保建设满意度与其生态环保习惯之间显著正相关。公众一般不会认为自己对生态环境问题负有责任，政府具有保护生态环境的职能，因此公众会认为政府对生态环境问题负有主要责任。中央人民政府所做的环保建设具有全局性、宏观性，区域性较弱，很难唤起人们的生态环保责任感，而地方政府在生态环保方面所做的努力公众都能深深切切地感受到，能够激发人们的生态环保责任感。模型六表明公众对中央人民政府生态环保建设满意度对生态环保参与行为没有显著影响，地方政府生态环保建设满意度对公众的生态环保参与行为有显著的正向作用。造成这一现象的原因可能与公众生态环保责任行为相似，主要是中央人民政府的生态环保建设对公众生活影响较小，其生态环保建设起到的是一个统筹、指导性的作用，而地方政府的生态环保建设对公众的生活起直接的作用，公众能够切身体会到，其生态环保建设做得越好，公众越愿意参与生态环保活动。模型八中显示的是公众对中央人民政府生态环保建设满意度与对地方政府生态环保建设满意度对生态环保法律的影响作用，从模型中可以看出公众的生态环保法律行为受中央人民政府生态环保与地方政府生态环保建设满意度的影响，对中央人民政府而言，公众对其生态环保建设越满意，越不会采取生态环保法律行为，因为政府生态环保建设做得好，公众觉得没有投诉、上诉的必要。而对地方政府而言，公众对其生态环保建设越满意，越会采取生态环保法律行为，这可能与当地的政策有关，地方政府为了发挥民众对生态环保建设的监督，鼓励民众上诉、投诉行为。模型十是公众总体生态环保行为影响因素状况，虽然模型显示公众的总体生态环保行为均受中央人民政府生态环保与地方政府生态环保建设满意度的影响，但是从系数中可以看出，公众的中央人民政府生态环保建设满意度对公众生态环保行为呈负向作用，而地方政府生态环保建设满意度与公众生态环保行为显著正相关，且公众的地方政府生态环保建设满意度比中央人民政府生态环保建设满意度对公众的生态环保行为影响大，从上文的分析结果也可以很好地印证这一现象。首先，公众对中央人民政府生态环保建设越不满意，越倾向采取环保行为，这可能是因为公众对中央人民政府期许太高，在政府工作无法满足自身需求时，公众往往会采取自助的方式来改变现状；其次，地方政府生态环保建设满意度会对其生态环保行为产生正向作用，这主要是由于受政府公信力的影响，公众对地方政府工作满意度越高，政府公信力越强，政府公信力对公众的行为具有引导和激励作用；最后，受地缘关系以及亲疏关系的影响，地方政府生态环保建设满意度对生态环保行为产生的影响要比中央人民政府生态环保建设满意度大。综上，H1 得到验证。

二、生态环保知识与生态环保行为

从表 6-6 回归模型中可以看出，生态环保知识对生态环保习惯、生态环保责任、生态环保参与及总体生态环保行为都有显著正向影响，但是对生态环保法律不产生影响，H2、H3 与 H4 成立，H5 不成立。公众对生态环境问题了解得越多，越知道保护生态环境重要性，生态环保意识就越强，公众更倾向采取生态环境保护行为，其生态环保习惯越好。生态环保知识使人们明白，生态环境问题的产生与每个人都有关系，保护生态环境人人有责，责任感增强，使公众为保护生态环境更愿意贡献自己的一分力量，更加积极主动地参与各种生态环保活动。从总体上看，随着公众对生态环境问题的深入了解，其生态环保意识、生态环保责任感增强，更加积极主动地参与生态环保活动。从 10 个模型中也可以看出，生态环保法律这一行为类型除了受政府生态环保建设满意度以及生态环境敏感度的显著影响外，受其他变量的影响不是很大，甚至没有影响，这可能与中国传统的"和为贵"思想观念有关，公众很少采取法律的手段来表达自己的诉求。

三、控制变量对生态环保行为的影响

如表 6-6 所示，公众生态环境污染敏感度对生态环保习惯、环保责任、环保参与、环保法律和总体生态环境行为都有显著的影响，并呈正相关关系，H6 成立。这表明公众的生态环境污染敏感度越强，其生态环保习惯越好，生态环保

责任越强、生态环保参与越积极、越容易实施生态环保法律行为、其生态环境行为越友好，这与"环境污染驱动论"的观点一致。年龄除对生态环保参与、生态环保法律没有影响外，对其他生态环保行为均有显著影响，个人年收入对总体生态环保行为也有显著影响，并都呈正相关关系，这与"后物质主义"价值观一致。性别对生态环保行为也有显著影响，但相对于女性而言，男性更不容易采取环保行为。婚姻状况对生态环保行为几乎不产生影响，但已婚人士相对于其他婚姻状况的人，生态环保习惯要稍微好点。工作单位类型对生态环保行为产生的影响也不是很大，相对于其他工作单位类型的人而言，非营利性组织的公众更倾向做出生态环保行为，但企业的公众则没有显著影响。在受教育程度方面，受教育程度与生态环保行为呈正相关关系，从系数可以看出，受教育程度越高，公众的生态环保意愿越强。

第四节　小结与启示

基于 CGSS2013 数据，通过回归分析结果可以得出如下结论：第一，公众对政府生态环保建设的满意度会影响其生态环保行为，主要表现在三个方面：首先，公众对中央人民政府的生态环保建设满意度会对生态环保行为产生副作用，公众对中央人民政府生态环保建设越不满意，越倾向采取生态环保行为；其次，地方政府生态环保建设满意度会对其生态环保行为产生正向作用；最后，地方政府生态环保建设满意度对生态环保行为产生的影响要比中央人民政府生态环保建设满意度大。第二，公众的生态环保习惯、生态环保责任、生态环保参与等均受其生态环保知识的影响，且生态环保知识与各生态环保行为呈正相关关系，其中对生态环保习惯的影响最大。第三，生态环境污染敏感度对四种类型的生态环保行为以及公众总体生态环保行为都产生正向的影响，公众对自己所在区域的生态环境污染感知得越严重，越容易采取生态环保行为。第四，公众生态环保行为受到受教育程度的影响，并受教育程度越高，公众越倾向采取生态环境保护行为。

本章的政策启示有：第一，要加大生态城市环保知识宣传力度。目前公众的生态环保意识不强，一个主要的原因是公众不了解生态环境破坏对我们的生活造成的影响，比如酸雨的产生与烧煤有很密切的关系，这是一个比较基础的问题，但从表6-3的分析结果可以看到，仍有44.84%的人认为没有关系。因此政府及其他生态环保组织在做好生态环保建设的同时，应建立健全的信息传播渠道，通过微博、微信、报纸与其他户外宣传等各种媒介对公众进行生态环保宣传教育，向公众及时与全面地宣传生态环保知识，让他们知道生态环境破坏会对我们的生活、经济、社会造成极大的危害，从而认识到保护生态环境的重要性。同时，扩大宣传政府的生态环保建设，让公众知道政府在生态环保方面所做的工作，知道政府所做的努力以及取得的成效，以此树立政府良好形象，提升政府公信力，营造良好的生态环保氛围，激励公众参与生态环境保护。第二，强化政府生态环保建设责任，构建生态城市环保治理绩效评估机制。地方政府在注重经济发展的同时，要更加注重生态环境保护，构建生态环保治理绩效评估机制，完善生态环保治理追究制度，加大生态环境治理投资，努力改善当地生态环境，建设美丽社区与美丽城市。第三，构建多方治理机制，动员全社会参与。借鉴台湾地区生态环保行为的经验，生态环保行为不仅是政府单方面的行动，还需要动员非政府组织、企业与广大民众等全社会人员参与其中，尤其要动员高校和科研人员对生态环境保护的研究与参与。第四，要加强生态环境保护宣传教育。教育有利于提高人们的认知能力以及生态环保素质，可以借鉴一些发达国家或地区的经验及启示，把生态环保教育作为教育体系的重要部分，提高公众生态环保知识与意识，培养公众生态认知能力与生态环保行为，促进我国生态城市环境治理与美丽城市建设。

第七章　生态城市环境治理：
公众参与意愿与影响因素

改革开放以来，中国经济保持着快速增长的态势，长期的粗放型经济增长模式在推动城市化进程的同时也引发了一系列资源环境问题，如不可再生资源的快速消耗、生活生产废水的大量排放、人口激增下的人均资源和公共设施的匮乏等。因此，解决生态城市中突出的环境问题，提高环境承载力是"新常态"下生态城市现代化治理与可持续发展的关键。近年来，城市治理理论的兴起，体现了以政府为主导的管理模式逐渐向多主体共同参与治理模式转变，党的十九大提出要构建以党委领导、政府主导、企业主体、社会组织和公众共同参与的环境治理体系。伴随环境污染对民众生活和福利负面影响的日益加重，广大公众环保意识的不断提升，越来越多的公众投入环境保护之中。2015 年《中华人民共和国环境保护法》明确指出公众作为环境污染的受害者或利益关联方应自觉增强环保意识，履行环保义务，积极参与环境保护治理。公众作为生态城市环境治理的主体之一，在参与生态城市环境治理方面举足轻重。多主体的共同参与和协同治理有助于生态城市环境治理体系的完善与生态城市环境治理能力的提高，是实现生态城市健康持续发展的关键。新时期，如何积极稳步推进生态城市环境治理，着力提高生态城市环境治理质量，使公众积极主动地参与生态城市环境治理是我国生态城市环境治理中亟须解决的实际问题。

第一节 公众参与生态城市环境治理现状

一、问卷设计与数据来源

问卷依据解构的计划行为理论（DTPB 理论）模型，同时参考前人研究成果与咨询专家建议将问卷共设计为三部分。第一个部分设为公众参与生态城市环境治理现状（见表 7-1），其包含公众参与生态城市环境治理行为现状和满意度；第二个部分设为对公众参与生态城市环境治理意愿的测量（在治理意愿中分析）；第三个部分设为被调查者的个人基本情况。

表 7-1 公众参与生态城市环境治理现状设计

代码	题目
A11	垃圾分类投放
A12	乘坐公共交通代替私家车
A13	骑自行车代替私家车
A14	购物时自己带购物袋
A15	不使用一次性产品（如一次性碗筷）
A16	购买产品时，会考虑是不是环保产品（如购买节能电灯）
A17	重复使用塑料袋、瓶、罐等其他可回收物品
A18	随手关灯、电视、电脑、水龙头等节约资源行为
A19	与身边的家人、朋友、同事等谈论生态问题
A110	参与政府和单位组织的环保活动（如听证会、咨询会等）

资料来源：作者整理。

通过公众对所在城市的空气质量、水环境质量、噪声环境质量、生活垃圾处理、工业垃圾处理、绿地覆盖率、环境整体状况七个方面来衡量公众对生态城市环境治理的满意度，具体题目设置如表7-2所示。对题项的回答分别归为非常满意、比较满意、一般满意、比较不满意、非常不满意五类满意程度，并分别赋值5~1分。此外，问卷还对被调查公众的基本情况信息进行了设计，主要包括被调查者的性别、婚姻情况、年龄、受教育程度、户籍所在地、职业以及月收入七个方面，题目如表7-3所示。

表7-2 公众对生态城市环境治理现状满意度设计

代码	题目
A21	对所在城市空气质量的满意度
A22	对所在城市水环境质量的满意度
A23	对所在城市噪声环境质量的满意度
A24	对所在城市生活垃圾处理的满意度
A25	对所在城市工业垃圾处理的满意度
A26	对所在城市绿地覆盖率的满意度
A27	对所在城市环境整体状况的满意度

资料来源：作者整理。

表7-3 基本情况信息

性别	A. 男 B. 女
婚姻情况	A. 未婚 B. 已婚 C. 离异
年龄	A. 20岁及以下 B. 21~30岁 C. 31~40岁 D. 41~50岁 E. 51~60岁 F. 60岁及以上
受教育程度	A. 小学及以下 B. 初中 C. 高中（含中专） D. 大学 E. 研究生及以上
户籍所在地	A. 本地 B. 外地
职业	A. 党政机关/事业单位 B. 企业（含国企） C. 社会团体、居/村委会 D. 无单位/自雇（包括个体户） E. 学生 F. 其他

月收入	A. 1280 元及以下　B. 1281～3000 元　C. 3001～6000 元　D. 6001～8000 元　E. 8001～10000 元　F. 10001 元及以上

资料来源：作者整理。

　　厦门、福州和泉州是福建省三个国家生态文明城市，从福建省环保厅最新统计数据来看，这三个城市的空气质量优良率位居全国前列。近年来，三个城市在水环境治理与绿化覆盖率等方面加大了建设力度。2017 年中国社科院发布的《生态蓝皮书》上显示，三个城市是我国绿城建设水平较高的城市，其中厦门排名第二。三个生态城市的较高生态建设水平不仅得益于政策的制定与制度的保障，同时个体公众在城市环境治理方面做出的贡献也不容小觑。2016 年，三个城市纷纷开展了"全民动员，绿化城市"行动；2019 年，福建省推行垃圾分类治理等，不仅通过报纸、微信、微博等媒体进行宣传，并动员各类志愿者积极投身环保志愿行动，城市居民幸福指数也随着生态城市环境治理水平的提高而不断上升。因此，从宏观政策及微观个体特征的角度来看，选取福建省厦门、福州与泉州三个城市公众作为参与生态城市环境治理的调研对象具有一定代表性与典型性，其研究结果极具价值。

　　在正式调查之前，2017 年 9 月中旬，笔者团队以福州仓山区建新镇公众为调查对象进行试调查，共发放 80 份问卷，回收有效问卷 76 份，有效率为 97.4%，有效回收率超过 80%。对问卷信度和效度进行验证，量表信度和效度分别大于0.8、0.6，说明量表具有较高的稳定性和可靠性，可以进行正式问卷调查。2017年 9 月 27 日至 10 月 30 日，笔者团队采取进入社区拦截式调查和社区工作人员发放相结合的方式，分别对厦门、福州、泉州三个生态城市社区公众进行第一次问卷调查；2019 年福建省开展推进社区垃圾分类治理，为了了解新时期公众参与社区环境治理情况，于 2019 年 10 月进行第二次问卷调查。其中，福州市选择柳河、乌山、怡山、阳光、宁化、步行街、上渡、金河、农大居委会、洪塘居委会 10 个社区，厦门市选择龙头、厦禾、曾厝、湖里、兴隆、海翔、内林、郑坂 8个社区，泉州市选择东湖、东美、新前、海清、新门、梅峰、明光、刺桐 8 个社区。由于调查涉及区域较广、调查工作难度较大等，采取的是进入社区拦截式调查和社区工作人员发放问卷相结合方式，共发出问卷 1701 份，剔除缺失值、无效值和逻辑有误等问题，回收有效问卷 1573 份，有效率为 92.5%，符合问卷分析条件。

本书的研究目的是要探讨公众参与意愿、参与成本与公众参与城市环境治理之间是否存在相关关系，公众环保习惯、环保责任与环保态度是否影响公众参与意愿，从而影响城市环境治理中的公众参与行为。首先对回收问卷样本中的基本人口背景信息进行了描述性统计，如表 7-4 所示：性别方面，基本上处于均衡状态，其中女性占 54.42%，男性占 45.58%。年龄方面，呈现正态分布，20 岁及以下的仅占 5.79%，21~30 岁的人数占比最高，为 38.72%，31~40 岁的占 35.28%，41~50 岁的占 15.64%，51~60 岁的占 3.37%，60 岁以上的老年人占 1.21%。受教育程度方面，小学及以下所占比例为 1.46%，初中为 5.28%，高中及中专占 20.85%，大学占 63.19%，研究生及以上占 9.22%。地区方面，福州共 629 个样本占 39.99%，泉州共 509 人占 32.36%，厦门共 435 人占 27.65%。职业方面，职业的分布总体上较均衡，也比较符合实际，其中企业（含国企）人口最多占 32.29%，党政机关、事业单位占 26.95%，社会团体、居/村委会最少仅为 7.37%。月收入方面，月收入整体呈现正态分布，其中低于 1280 元，也就是低于 2017 年福建最低工资标准，占 13.99%，这一部分人口主要是学生；占比最高的为 3001~6000 元这一范围，为 38.14%；最少的为 10001元以上，仅 5.66%。

表 7-4　人口特征分布表

变量	选项	样本量	百分比（%）	变量	选项	样本量	百分比（%）
性别	男	717	45.58	地点	福州	629	39.99
	女	856	54.42		泉州	509	32.36
年龄	20 岁及以下	91	5.79		厦门	435	27.65
	21~30 岁	609	38.72	学历	小学及以下	23	1.46
	31~40 岁	555	35.28		初中	83	5.28
	41~50 岁	246	15.64		高中（含中专）	328	20.85
	51~60 岁	53	3.37		大学	994	63.19
	60 岁以上	19	1.21		研究生及以上	145	9.22

变量	选项	样本量	百分比（%）	变量	选项	样本量	百分比（%）
职业	党政机关、事业单位	424	26.95	月收入	1280 元及以下	220	13.99
	企业（含国企）	508	32.29		1280～3000 元	388	24.67
	社会团体、居/村委会	116	7.37		3001～6000 元	600	38.14
	无单位或自雇（包括个体户）	164	10.43		6001～8000 元	186	11.82
	学生	141	8.96		8001～10000 元	90	5.72
	其他	220	13.99		10001 元及以上	89	5.66

资料来源：作者整理。

二、基本现状分析

由表7-5可知，福州、厦门和泉州三个城市公众参与生态城市环境治理各个方面的分值均值均低于3.5分，公众参与生态城市环境治理处于中等水平，治理意愿还需要很大提升。在垃圾分类方面，有27.8%的公众对垃圾进行偶尔分类，从来不进行垃圾分类的达10.2%，16.5%的公众总是对垃圾进行分类。在乘坐公共交通或自行车代替私家车方面，分别有16.8%、21.2%的公众很少乘坐公共交通或自行车代替私家车。在不使用一次性产品方面，人群分布较为集中，其中偶尔使用的占21.7%，从不使用的占12.1%，很少使用的占22.4%，整体情况较好。在购买产品时，会考虑是不是环保产品方面，从不考虑的占9%，总是考虑的人占9.2%。在重复使用塑料袋、瓶、罐等其他可回收物品方面，对可循环利用的产品能加以重复利用的人较多，其中常重复利用的人占18.6%。以上问题主要是针对个人的环保行为，相较私人环保行为而言，公众与身边的家人、朋友等谈论生态问题方面，经常讨论的占比21.7%，很少讨论的占比24.2%。在参与政府和单位组织的环保活动方面，偶尔参与的人群占比31.6%，公众在公共领域参与环保行为意识还较薄弱。

表7-5 公众参与生态城市环境治理现状

题目	选项	频数	百分比（%）	均值	标准差	题目	选项	频数	百分比（%）	均值	标准差
A11	从不	160	10.2	3.16	1.225	A16	从不	141	9	2.96	1.096
	很少	335	21.3				很少	411	26.1		
	偶尔	437	27.8				偶尔	541	34.4		
	经常	381	24.2				经常	335	21.3		
	总是	260	16.5				总是	145	9.2		
A12	从不	139	8.8	3.39	1.239	A17	从不	283	18	2.79	1.265
	很少	264	16.8				很少	426	27.1		
	偶尔	353	22.4				偶尔	387	24.6		
	经常	478	30.4				经常	293	18.6		
	总是	339	21.6				总是	184	11.7		
A13	从不	75	4.8	3.15	1.009	A18	从不	243	15.4	2.82	1.235
	很少	334	21.2				很少	453	28.8		
	偶尔	595	37.8				偶尔	411	26.1		
	经常	425	27				经常	280	17.8		
	总是	144	9.2				总是	186	11.8		
A14	从不	162	10.3	3.3	1.261	A19	从不	310	19.7	2.86	1.336
	很少	283	18				很少	380	24.2		
	偶尔	357	22.7				偶尔	323	20.5		
	经常	457	29.1				经常	341	21.7		
	总是	314	20				总是	219	13.9		
A15	从不	191	12.1	3.15	1.289	A110	从不	168	10.7	3.03	1.18
	很少	352	22.4				很少	360	22.9		
	偶尔	341	21.7				偶尔	497	31.6		
	经常	409	26				经常	345	21.9		
	总是	280	17.8				总是	203	12.9		

资料来源：作者整理。

三、生态城市环境治理满意度分析

公众对生态城市环境治理满意度主要表现在空气质量、水环境质量、噪声环境质量、生活垃圾处理、工业垃圾处理、绿地覆盖率、环境整体状况七个方面。

如表7-6所示，总体上，三个城市公众对生态城市环境治理的满意度，厦门城市最好、福州城市其次、泉州城市第三；厦门、福州两个城市公众比较满意与非常满意二者的比重都超过10%，福州城市非常不满意的比重都低于3%，厦门城市非常不满意的比重都低于1%；泉州城市公众比较满意与非常满意二者的比重都低于10%，非常满意的比重都低于2%，而非常不满意的比重在5%左右，非常满意与非常不满意比重情况与福州厦门两个城市呈现相反状况。三个城市公众对生态城市环境治理的满意程度高于不满意程度、非常满意度超过非常不满意度，呈现偏右正态分布特征。如表7-7所示，按照每个频数与每个城市总样本（福州629、厦门435和泉州509）的比重，三个城市公众对生态城市环境治理的满意度情况与表7-6呈现共同的特征，厦门城市公众对厦门生态城市环境治理非常满意与比较满意二者比重均超过55%，非常不满意的比重均低于4%；而泉州城市公众对泉州生态城市环境治理比较满意与非常满意二者的比重都低于20%，非常不满意的比重均高于13%。厦门、福州两个城市公众对生态城市环境治理的满意度较高、不满意较低，呈现偏右正态分布特征；泉州城市公众对生态城市环境治理的满意度主要为一般与比较不满意，满意程度低于不满意程度，呈现偏左正态分布特征。

表7-6　公众对生态城市环境治理满意度调查情况（1）

调查维度	城市	非常满意		比较满意		一般		比较不满意		非常不满意		合计
		频数	频率（%）	频数	频率（%）	频数	频率（%）	频数	频率（%）	频数	频率（%）	频率（%）
空气质量 A21	福州	109	6.9	273	17.4	182	11.6	53	3.4	12	0.8	40.0
	厦门	133	8.5	180	11.4	87	5.5	27	1.7	8	0.5	27.6
	泉州	20	1.3	56	3.6	154	9.8	184	11.7	95	6.0	32.4
	合计	262	16.7	509	32.4	423	26.9	264	16.8	115	7.3	100
水环境质量 A22	福州	71	4.5	237	15.1	222	14.1	76	4.8	23	1.5	40.0
	厦门	97	6.2	181	11.5	121	7.7	30	1.9	6	0.4	27.6
	泉州	22	1.4	53	3.4	182	11.6	170	10.8	82	5.2	32.4
	合计	190	12.1	471	29.9	525	33.4	276	17.5	111	7.1	100
噪声环境质量 A23	福州	52	3.3	190	12.1	246	15.6	116	7.4	25	1.6	40.0
	厦门	89	5.7	154	9.8	131	8.3	53	3.4	8	0.5	27.6
	泉州	31	2.0	68	4.3	195	12.4	148	9.4	67	4.3	32.4
	合计	172	10.9	412	26.2	572	36.4	317	20.2	100	6.4	100

续表

调查维度	城市	非常满意		比较满意		一般		比较不满意		非常不满意		合计
		频数	频率（%）	频数	频率（%）	频数	频率（%）	频数	频率（%）	频数	频率（%）	频率（%）
生活垃圾处理 A24	福州	51	3.2	141	9.0	256	16.3	136	8.6	45	2.9	40.0
	厦门	85	5.4	162	10.3	128	8.1	51	3.2	9	0.6	27.6
	泉州	19	1.2	72	4.6	199	12.7	150	9.5	69	4.4	32.4
	合计	155	9.9	375	23.8	583	37.1	337	21.4	123	7.8	100
工业垃圾处理 A25	福州	47	3.0	157	10.0	252	16.0	131	8.3	42	2.7	40.0
	厦门	84	5.3	160	10.2	136	8.6	41	2.6	14	0.9	27.6
	泉州	26	1.7	58	3.7	221	14.0	130	8.3	74	4.7	32.4
	合计	157	10.0	375	23.8	609	38.7	302	19.2	130	8.3	100
绿地覆盖率 A26	福州	125	7.9	253	16.1	174	11.1	61	3.9	16	1.0	40.0
	厦门	133	8.5	196	12.5	84	5.3	20	1.3	2	0.1	27.6
	泉州	27	1.7	64	4.1	173	11.0	160	10.2	85	5.4	32.4
	合计	285	18.1	513	32.6	431	27.4	241	15.3	103	6.5	100
环境整体状况 A27	福州	86	5.5	231	14.7	223	14.2	78	5.0	11	0.7	40.0
	厦门	138	8.8	181	11.5	90	5.7	23	1.5	3	0.2	27.6
	泉州	24	1.5	52	3.3	180	11.4	173	11.0	80	5.1	32.4
	合计	248	15.8	464	29.5	493	31.3	274	17.4	94	6.0	100

注：本表频率分析是以每个频数与所有城市总样本 1573 的比重。

表7-7　公众对生态城市环境治理满意度调查情况（2）

调查维度	城市	非常满意		比较满意		一般		比较不满意		非常不满意		合计
		频数	频率（%）	频数	频率（%）	频数	频率（%）	频数	频率（%）	频数	频率（%）	频数
空气质量 A21	福州	109	17.3	273	43.4	182	28.9	53	8.4	12	1.9	629
	厦门	133	30.6	180	41.4	87	20.0	27	6.2	8	1.8	435
	泉州	20	3.9	56	11.0	154	30.3	184	36.1	95	18.7	509
水环境质量 A22	福州	71	11.3	237	37.7	222	35.3	76	12.1	23	3.7	629
	厦门	97	22.3	181	41.6	121	27.8	30	6.9	6	1.4	435
	泉州	22	4.3	53	10.4	182	35.8	170	33.4	82	16.1	509

调查维度	城市	非常满意		比较满意		一般		比较不满意		非常不满意		合计
		频数	频率（%）	频数	频率（%）	频数	频率（%）	频数	频率（%）	频数	频率（%）	频数
噪声环境质量 A23	福州	52	8.3	190	30.2	246	39.1	116	18.4	25	4.0	629
	厦门	89	20.5	154	35.4	131	30.1	53	12.2	8	1.8	435
	泉州	31	6.1	68	13.4	195	38.3	148	29.1	67	13.2	509
生活垃圾处理 A24	福州	51	8.1	141	22.4	256	40.7	136	21.6	45	7.2	629
	厦门	85	19.5	162	37.2	128	29.4	51	11.7	9	2.1	435
	泉州	19	3.7	72	14.1	199	39.1	150	29.5	69	13.6	509
工业垃圾处理 A25	福州	47	7.5	157	25.0	252	40.1	131	20.8	42	6.7	629
	厦门	84	19.3	160	36.8	136	31.3	41	9.4	14	3.2	435
	泉州	26	5.1	58	11.4	221	43.4	130	25.5	74	14.5	509
绿地覆盖率 A26	福州	125	19.9	253	40.2	174	27.7	61	9.7	16	2.5	629
	厦门	133	30.6	196	45.1	84	19.3	20	4.6	2	0.5	435
	泉州	27	5.3	64	12.6	173	34.0	160	31.4	85	16.7	509
环境整体状况 A27	福州	86	13.7	231	36.7	223	35.5	78	12.4	11	1.7	629
	厦门	138	31.7	181	41.6	90	20.7	23	5.3	3	0.7	435
	泉州	24	4.7	52	10.2	180	35.4	173	34.0	80	15.7	509

注：本表频率分析是以每个频数与每个城市总样本（福州629、厦门435和泉州509）的比重。

具体来说，结合表7-6、表7-7所示内容，公众对生态城市环境治理七个方面的满意度高低顺序大致分别为绿地覆盖率、空气质量、水环境质量、环境整体状况、噪声环境质量、工业垃圾处理和生活垃圾处理。由于厦门、福州两个城市开展地铁建设，引起的噪声、工业垃圾等环境问题对公众产生一定的影响，尤其是福州公众的比较满意与非常满意的程度与其他四个方面相比较低，比较不满意与非常不满意的比重相对较高。如表7-7所示，厦门公众对环境整体状况的满意度很好，比较满意及以上的比重为73.3%；对城市绿地覆盖率的满意度最高，比较满意及以上的比重为75.7%；对噪声环境质量、工业垃圾处理和生活垃圾处理三个方面的满意度相对最低，比较满意及以上的比重为56%左右，比较不满意及以下的比重为13%左右。福州公众对环境整体状况的满意度较好，比较满意及以上的比重为 50.4%，比较不满意及以下的比重为 14.1%；对空气质量和城市绿地覆盖率的满意度较高，比较满意及以上的比重为 60% 左右，比较不满意及以下的比重分别为 10.3% 和 12.2%；对生活垃圾处理和工业垃圾处理满意程度分别排名最后，比较满意及以上的比重分别为 30.5% 和 32.4%，比较不满意及以下的比重分别为 28.8% 和 27.5%。泉州公众对环境整体状况的满意度不容乐观，比较满意及以上的比重为 14.9%，非常不满意的比重为 15.7%；另外六个方面的满意度表现呈现共同特征，比较满意及以上的比重为 15% ~ 20%，非常不满意的比重为 13% ~ 19%。

第二节　公众参与生态城市环境治理意愿模型构建分析

一、文献回顾

城市是一个地区经济增长的"引擎"，城市发展所产生的生态环境问题是城市治理的重点与难点之一。城市发展与环境污染之间的矛盾是各国城市公共事务治理的主要问题。公众既是公共利益的享有者，也是社会治理体系的基本构成（陈伟东，2018），公众参与是实现有效治理的重要手段与途径。随着学者对环境治理理论的提出、深化与实践，环境治理模式从政府一元主导向多元主体共同参与进行转变（詹国彬等，2020），公众在城市环境治理间的主体地位不断凸显，公众参与意愿与参与行为对城市环境治理具有重要影响。近年来，城市环境虽然得到了一定的有效治理，但随着城镇化进程的推进，越来越多的人享受城市优质公共服务同时也面临着城市环境恶化带来的健康威胁，城市整体环境问题还是面临严峻的考验。随着经济社会的持续发展、生态文明理念的宣传教育，公众参与素质不断提高，城市公众越发自觉积极参与环境治理和融入城市环境事务治理，为缓解城市环境压力出谋划策（程悦，2019）。从现有法律来看，《环境保护法》表明公众作为环境污染的受害者或利益相关方应自觉增强环保意识，履行环保义务，积极参与环境治理。针对城市环境问题，国家顶层设计上提出生态协同发展的战略理念，不断构建完善的生态环境治理制度体系，出台一系列环境政策推进城市环境问题的治理。如党的十九大报告提出，"构建以政府为主导、企业为主体、社会组织和公众共同参与的环境治理体系"；党的十九届四中全会精神提出，"完善社会治理体系，建设人人有责、人人尽责、人人享有的社会治理共同体"，强调公众参与在构建城市环境治理体系及治理能力现代化的重要作用。

一般意义上的公众参与是指个体公众或公众组织参与公共政策制定与管理的过程（托马斯，2001），公众参与环境治理是指公众对有关他们生活质量的环境政策施加直接或间接影响的过程。环境事业发展最初的动力来自公众，以工业革命时期的英国为例，历经两次工业革命时期的大规模环境污染，多个地方建立起保护环境民间组织，英国公众开展了一系列的法律诉讼。正是由于公众对环境保护的广泛参与，才促使政府颁布系列环境法案，致力于环境保护与经济统筹协调发展。近年来，我国公众参与公共事务治理速度呈现加速趋势，无论是政治参与还是社会参与，公众在提高治理能力、完善治理体系方面具有不可替代的作用。现今，我国面临城市环境治理难题和环境治理压力，公众作为城市环境质量信息的直接接收者，在第一时间直观地感受到环境污染带来的不良影响和对经济社会发展的不利影响，加大关注所在城市的环境质量状况，并采取相应的举措参与城市环境治理。然而，城市环境治理中公众参与具有复杂的行为选择，异质性公众呈现出积极与不积极不同状态的差异性参与行为，有些公众具有积极的参与意愿但是最终却没有有效参与等（周晓丽，2019；施生旭，2016）。那么，公众参与城市环境治理行为受到哪些因素影响？哪些因素影响了公众参与意愿和参与成本？参与成本是不是影响参与意愿及实际参与行为的主要因素？这些成为城市环境治理中公众参与需要思考的问题。因此，对这些问题的思考与分析、探究我国公众参与的影响因素与行动原则是实现城市环境治理效用最大化的关键，是城市环境治理体系和治理能力现代化建设的重要组成部分。

公共治理的产生与发展形成了一种以公众为中心的新型社会治理模式，它体现了一种共治理念，也是一种治理形式。不同学者从不同角度对公共治理含义进行了不同阐述，但国内多以"善治理论"为代表，其核心理念是"公民社会"（俞可平，2014），即作为一种相对独立且多元化的社会形态，拥有参与精神和参与意愿的公众是社会得以生存和发展的基石。社会不仅是一个需求体系，公众也不只是扮演城市环境的享有者，他们还是城市环境治理的直接参与者和最终受益者，能够在影响其生活质量的决策问题上产生影响力。从实践上看，公共参与是公众接受环境政策的必需手段，界定与明确公众角色是基础性工作。在公众参与过程中，不同环境政策带来的公众参与收益和成本之间权衡不同，参与成本是影响公众是否积极参与治理的重要因子（张友浪，2020）。在参与城市环境治理中，公众应顺应现代社会思潮，从政府环境服务的被动消费者变为城市环境治理的主动参与者（党文琦等，2017），积极主动承担公共环境事务治理，而不仅仅是作为追逐利益最大化的个体。随着城市环境问题的普遍化趋势，政府应从公共价值治理、整体性治理和多中心治理等理念出发制定完善相应城市环境政策（施生旭，2020），构建完善公众参与城市环境治理的渠道与方式，采取多主体共同决策、整体协商等多样化模式来确保公众有效参与城市环境治理，从而实现和确保国家城市环境政策的执行和治理成效实现。但多主体的共同介入使城市环境治理带有明显的"公共物品"色彩，基于奥尔森集体行动的逻辑，公众面对环境治理集体行动存在私人理性与集体理性的博弈行为，存在"搭便车"的行为倾向（初钊鹏等，2017），构建有选择性的激励机制和促进公众积极主动参与是缓解集体行动困境的有效手段。国外公众参与城市环境治理决策多通过两种形式实现：一是公众通过中央政府环境政策制定等对地方政府政策执行进行影响；二是公众与地方政府环境政策选择性执行之间的直接互动（Davis et al.，1992）。在过去一段时间，国内环境政策制定与执行机制难以促使公众有效参与，政府在公众自发性参与初期表现出"不够作为"，在公众参与积极阶段容易出现环境公共价值失灵的"中国式邻避冲突"，这使公众对政府环境治理政策制定存在不信任现象，减弱了公众对城市环境治理的关注度和参与的积极性。

党的十九大报告指出，"城市治理中公共政策的制定与实施需充分考虑公民的需要，保障公民的知情权与参与权"。进入新时期，公众的城市环境安全意识与参与意愿日益提高，政府越来越重视公众在环境治理体系的重要性，不断构建完善公众参与治理渠道，公众基于信息通信技术选择，通过新媒体等各种方式、渠道来表达自身的观点，通过技术赋权实现"整体智治"（郁建兴、黄飚，2020），实现城市环境治理的诉求。在现实实践中，公众也积极地迎合政府环境治理各类宣传动员，有选择与目的地参与环境治理。因此，面对公众参与环境治理的不均等性和差异性等现状，政府应明确有哪些因素影响了公众参与意愿和参与行为、公众参与行为选择的内在动机是什么、公众参与是否存在一定的参与成本、如何解决和提高公众参与效益。夏晓丽等（2017）研究表明，公众对城市环境的关注程度影响环境治理效率，即公众的环境关注度越高，参与的积极性越强，环境治理局面得以改善的速度则越快。近年来，学者们对城市环境治理展开了深入研究（于立等，2019；王芳等，2018），但较多立足于公众自身参与能力或外部参与条件，分析公众参与城市环境治理的影响因素（Shi et al.，2019；郑思齐，2013），而对参与收益与成本之间的权衡论述较不足。基于公众参与阶梯理论，当前我国公众参与处于转型阶段，立足参与意愿与参与成本角度研究公众参与，能够丰富公众参与城市环境治理理论，也能为公众参与实践研究提供经验。

二、研究假设

公众参与行为的规范性是社会活动的基本道德要求，它包括公众行为的同一性和一致性等（张康之，2014）。公众个体意识形态的差异受到自身社会地位、生活习惯、所处环境、受教育程度、职业等多方面影响（徐林等，2017），其意识与个体行为的同一性往往受到家庭、上级、同事及社会组织、政府部门等意志的影响，有交集的人群往往在行为上具有一致性。公众参与意识影响公众参与治理行为，"搭便车"行为普遍存在于公众环境治理公共选择中。如果公众在参与城市环境治理中面临的意识形态是一致的，公众则相信主动参与是改变现状的最佳方案。有学者认为，个体环境行为意识会受到自身状态与所处地位的影响，具体包括性别、婚姻、工作单位、收入等（董新宇等，2018；时立荣等，2016）；也有学者发现公众参与行为更多地受制于参与成本及公众责任意识、社会义务感（施生旭等，2017；张福德，2016）。公众的认知受制于有限理性，这与人类意识形态有一定的交叉性，治理成本是决定理性人是否发生参与行为的关键点（陈桂生，2019；邓雅丹等，2020）。基于交易成本经济学理论，公众个人出于成本—收益计算，以社会获得感作为利益取向的行为模式也是广泛存在的。交易成本是指一系列制度成本和非制度性成本，公众参与城市环境治理成本产生于公众参与的过程之中，包括公众参与时间成本、信息成本、交通成本和监督管理成本等。公众参与行为动机来自于主体预估的未来收益状况，参与成本是公众参与考虑的重要因素。政府部门在此过程中扮演有效管理者的角色，即制定公众参与环境治理政策措施，降低公众参与的相关成本费用，重塑公众参与城市环境治理的意识形态，让公众更有环保社会责任感，能提高公众的参与意愿与有效参与行为。在环境治理中，政府是主导者，公众是参与者，政府通过税收手段向公众征集资金，承担环境治理费用是实现环境有效治理的一般状态。

从公共治理角度来看，假设环境治理主体是只由政府组织与个体公众组成，整个治理过程简化为公众向政府缴税，政府承担相应的管理与服务职能。政府承担的治理成本与治理成效呈正向变化，政府提高人力支出与技术支出等，能够补偿公众参与成本和拓宽公众参与渠道等。由于政府提高组织和管理成本，有助于提高政府管理水平和服务质量，减少了主体之间的利益摩擦，均衡满足公众需求。然而，当政府承担费用过高，超出了自身管理职能范围甚至替代公众角色时，公众参与度会逐渐降低，变为冷漠、消极参与。现实中，无论是政府还是公众都无法单独完成城市环境治理任务，合作共治则是解决任务的途径。在当前，我国促进公众参与城市环境治理较为理想的状态便是政府利用管理技术手段承担公众参与环境治理的各类成本，从而降低公众参与治理成本。与此同时，在治理过程中建构公众参与环境治理的意识形态，激发公众主动参与的主观积极性和认同感，培养公众环保习惯和责任意识。值得一提的是，个体公众面对参与行为呈现出不同的行为偏好，这种偏好形成来自于公众所处的生活环境及受教育程度，或受到社会组织、政府部门宣传的影响等形成的价值观。环境价值是实现人与自然和谐共生的应有之义，公众环境态度是指个体公众认同环境价值观而采取维护环境治理的具体参与行为。因此，明确公众行为偏好、塑造公众良好环境治理价值观、激发公众参与意愿十分重要，进而促进公众参与城市环境治理。因此，基于上述分析提出如下相关假设：

H1：公众参与成本与城市环境治理参与行为具有正相关关系。

H2：公众参与意愿与城市环境治理参与行为具有正相关关系。

H3：公众环保习惯与城市环境治理参与行为具有正相关关系。

H4：公众环保责任与城市环境治理参与行为具有正相关关系。

H5：公众环保态度与城市环境治理参与行为具有正相关关系。

三、变量选择与测量

关于个体公众参与环境治理行为可分为两个方面：一是公众私人领域环境治理，二是社会公共领域环境治理。其中，公众私人领域环境治理参与行为体现在公众日常参与治理实践、参与意愿；社会公共领域环境治理参与行为表现在公众为保护现有环境而做出的一系列监督、规划、评价等。本书将公众环保责任变量设置为"主动关注所在城市的环保信息""与家人、朋友、同事等谈论环境问题"。将公众私人领域环境治理参与行为归结为公众环保习惯，具体测量变量为"垃圾分类投放""乘坐公共交通""重复使用塑料袋等其他可回收物品"和"是否考虑购买环保产品"（谢立黎，2020）。将社会公共领域环境治理参与行为归结为公众参与环保态度，具体变量选取为"是否积极参与政府和单位组织的环保活动（如听证会、咨询会等）"（张航，2020）。参与意愿测量变量分别选取为"参与环保是我的责任""参与环保是我的义务"。参与成本变量选取为"我有时间参与环保活动""我愿意花费费用参与环保活动"。综上分析，被解释变量归纳为参与行为、环保习惯、环保态度、环保责任4个变量，解释变量归纳为参与意愿、参与成本2个变量测量指标（如表7-8）。

个体内在特征差异使得公众外在行为表现有所不同，本书将公众特征变量设为年龄、月收入、性别、受教育程度、婚姻状况、职业类型。采用赋值法对公众参与行为、参与意愿、参与成本等变量进行分类，将公众回答的"从不"记为0分，"偶尔"记为1分，"较经常"记为2分，"经常"计为3分，"非常经常"计为4分；并且删除了拒绝回答的和不知道的数据。由于环境问题存在不一致性，本书将采用加总平均的方法衡量总体参与行为、参与意愿、参与成本及环保习惯、环保态度、环保责任的得分情况，得分越高者变量实际情况越友好。

四、计量模型构建

运用Stata12.0分析软件对公众环境治理参与行为影响因素进行多元线性回归分析，在进行回归分析前，对模型可能存在多重共线性、异方差以及内生性问题进行检验，结果表明各模型的方差膨胀因子值为1 < VIF < 2，因此不存在多重

共线性问题；采用 Ovtest 检验模型显示不存在内生性问题；运用 White 检验发现模型存在异方差现象。由于本研究分析属于聚类样本，采取 OLS 回归处理办法，只需使用聚类稳健的标准误。其中模型一、模型三、模型五、模型七是对公众特征控制变量的回归模型，如式（7-1）所示；模型二、模型四、模型六、模型八是对所有变量进行回归的模型，如式（7-2）所示。

$$Y_{1e} = \alpha + \beta_{11}age + \beta_{12}inc + \beta_{13}gen + \beta_{14}mar + \beta_{15}job + \beta_{16}edu \qquad (7-1)$$

$$Y_{2e} = \alpha + \beta_{21}age + \beta_{22}inc + \beta_{23}gen + \beta_{24}mar + \beta_{25}job + \beta_{26}edu +$$
$$\beta_{27}res + \beta_{28}hab + \beta_{29}att + \beta_{30}beh + \beta_{31}con + \beta_{32}cod \qquad (7-2)$$

式（7-1）中，Y_{1e} 表示为模型一、模型三、模型五、模型七仅引入控制变量，式（7-1）、式（7-2）中的年龄、月收入、性别、婚姻状况、职业、受教育程度、环保责任、环保习惯、环保态度、参与行为、参与意愿与参与成本分别用 age、inc、gen、mar、job、edu、res、hab、att、beh、con、cod 表示，α 表示常数项，β 表示偏回归系数，Y_{1e} 表示引入控制变量中因变量与自变量的依存关系，Y_{2e} 表示所有变量中因变量与自变量的依存关系。

第三节　实证分析

一、样本数据分析

从表7-8统计结果可知，公众参与意愿、环保态度和环保习惯3个变量表现较为乐观：参与意愿两个变量均值分别为3.36与3.35，环保态度两个变量均值分别为3.43与3.49，环保习惯两个变量均值分别为3.39与3.30。公众参与成本与参与行为等变量表现大致持平，参与成本两个变量分别为3.23与3.13，参与行为三个变量分别为3.16、3.15与3.14。环保责任变量是所有六个变量最低，两个变量均值分别为2.96与3.03。总体上，变量统计结果总体符合实际情况。

表7-8 样本人口环境治理参与度的描述性统计分析

变量		变量定义	均值	标准差
公众特征变量	性别	男性=1，女性=0（作为参照）	0.46	0.50
	婚姻状况	未婚=1，已婚=2，离异=3（作为参照）	1.67	0.52
	年龄	18～20岁=1（作为参照），21～30岁=2，31～40岁=3，41～50岁=4，51～60岁=5，60岁以上=6	2.76	0.98
	受教育程度	小学及以下=1（作为参照），初中=2，高中/中专=3，大学=4，研究生及以上=5	3.73	0.76
	职业	党政机关、事业单位=1，企业（含国企）=2，社会团体、居/村委会=3，无单位/自雇（包括个体户）=4，学生=5，其他=6（作为参照）	2.84	1.76
	月收入	1280元及以下=1（作为参照），1281～3000元=2，3001～6000元=3，6001～8000元=4，8001～10000元=5，10001元以上=6	2.88	1.28
解释变量	参与意愿	会愿意参与社区环保活动	3.36	1.27
		会积极参与社区环保活动	3.35	1.27
	参与成本	有时间参与社区环保活动	3.23	1.17
		有金钱参与社区活动	3.13	1.12
被解释变量	环保责任	主动与身边的家人、朋友、同事等谈论生态问题	2.96	1.10
		主动关注所在社区有关环保方面的信息（如展板宣传、广播通知等）	3.03	1.18
	环保习惯	乘坐公共交通或自行车代替私家车	3.39	1.24
		购买产品时，会考虑是不是环保产品	3.30	1.26
	环保态度	参与社区环保活动能让自身或家庭受益	3.43	1.35
		参与环保活动能让社区变得更加美好	3.49	1.41
	参与行为	主动开展社区垃圾分类投放	3.16	1.22
		重复使用塑料袋、瓶、罐等其他可回收物品	3.15	1.29
		经常参与社区环保相关活动	3.14	1.14

注：解释与被解释变量的平均得分，按照"从不=0，偶尔=1，较经常=2，经常=3，非常经常=4"划分。

二、研究结论分析

1. 公众参与意愿对城市环境治理参与行为的影响

根据表7-9回归结果显示，公众参与意愿对环保责任、环保习惯、环保态度和城市环境治理参与行为均有显著正相关性，影响系数分别为 0.204、0.512、0.775 和 0.288，公众参与意愿与环保态度二者的相关性高于参与意愿与其他变量之间的相关性。根据前文公众私人领域与社会公共领域界定区分，参与意愿对公共领域的公众环保态度影响系数（0.775）大于参与意愿对私人领域的公众环保习惯影响系数（0.512）。公众环保态度是社会意识的一种存在形式，在不断变化过程中受到外部宣传与自身家庭环境等的影响，表现为公众作为社会主体对环境治理事务的认同与理性自觉。在现代社会，公众参与态度更多地指向公众的主观意识，具有较高的环境保护意识，公众环保行为与治理相关联。如表 7 - 8 所显示，公众环保责任、环保习惯、环保态度、参与意愿、参与行为均值分别在 3.00、3.35、3.45、3.35、3.15 上下，公众本身具有较高的环保责任、环保习惯、环保态度、环保意愿和环保行为，能积极主动地参与政府和单位组织的环保活动。公众参与意愿与参与行为存在相关性，研究结果系数为 0.288，也验证了二者的显著正相关性。在现阶段，公众积极发挥了参与城市环境治理的作用，具有一定的参与影响力，但是最终决策权在政府部门及管理者手中，并且公众参与渠道仍然较少，在决策过程中公众建议未能有效被采纳；社会团体部门开展环保活动信息发布也存在信息不对称性，以及公众参与过程中所付出的较高成本等系列问题是阻碍公众参与行为的重要原因。此外，一些人认为，政府制定环境政策及政策失灵后鼓励公众建言献策等举措，仍以"面子形象工程"为主要目的，忽视了公众的真实诉求，不健全的参与机制使得公众"搭便车"行为难以得到有效解决。随着各地方政府对环境问题的重视，有关环境的信息与报道方兴未艾，公众环保意识受其影响日益显著，认为参与环保活动是自我价值的体现和明智的选择，城市环境治理参与行为是公众履行社会责任与义务的行为过程，可以有效地改善环境状况与促进城市健康发展，其表现为公众参与意愿转化为实际参与行动。综上分析，根据表 7 - 8、表 7 - 9 统计显示，公众参与意愿、环保习惯、环保责任、环保态度和城市环境治理参与行为均有正相关关系，H2、H3、H4、H5 均成立。

2. 公众参与成本对城市环境治理参与行为的影响

根据表 7 - 9 回归结果显示，城市公众参与成本对环保责任和环境治理参与行为有显著正相关性，影响系数分别为 0.288 和 0.589，参与成本对参与行为的影响最大；参与成本对环保习惯、环保态度有正向影响关系，但显著性并不强烈，影响系数分别为 0.069 和 0.051。表 7 - 8 显示，公众承受相应时间和金钱参与环保活动的均值为 3.23、3.13，说明能够较好承受相应的参与成本。环保活动的组织管理者是政府部门及委托的社会团体，参与主体是相关公众，政府承担公众参与听证会、参加环保活动的交易成本有助于提高公众环境治理行为。当前公众普遍选择低成本参与监督渠道，如通过电话、短信、信件等，当政府部门拓宽公众上谏渠道、构建完善反馈机制、实现"阳光下的政府"建设，公众社会责任感与义务感、对政府部门管理主体的认同感也会相应提高。公众参与成本对公共领域的公众环保态度影响系数（0.051）小于参与成本对私人领域的公众环保习惯影响系数（0.069），但是二者的影响系数都较小。公众环保习惯受到政府制定的相关政策的直接或间接影响，如政府实施"限塑令"政策、开展垃圾分类治理政策等。公众参与成本与环保习惯相关系数（0.069）低于参与意愿与环保习惯相关系数（0.512），体现了要提高公众环保参与习惯及参与行为，需要采取更多的措施来提高公众参与意愿。公众从环境意识到参与意识，再到实际的参与行为是一个不断递进的过程，会基于参与成本做出利益权衡进而做出相应的环境治理行为选择。现今，大多数公众面对环境治理参与有较强的环境保护参与意愿，降低公众参与成本是政府提高参与行为及有效性的重要方式或途径。综上分析，根据表 7 - 8、表 7 - 9 统计显示，公众参与成本与城市环境治理参与行为具有正相关关系，H1 成立。

3. 公众个人特征对城市环境治理参与行为的影响

根据表 7 - 9 回归结果显示，公众参与行为受制于个体特征的变化。在收入方面，月收入在 1 万元以下，公众收入越高，环保责任、环保习惯、环保态度和参与行为显著正相关性越好；相对于收入 1280 元及以下的低收入人群相对而言，月薪在 3000 元以上的人群环保责任都相对更加显著，8001~10000 元收入人群表现最显著，且该类人群的环保责任、环保习惯、环保态度和参与行为都具有显著正相关性。在婚姻状况方面，相对于离异的人群而言，已婚和未婚人士的环保态度具有较好显著正相关性，其他变量显著性较低或无正相关。在年龄方面，相对于 20 岁以下的人群相对而言，60 岁以上的人群公众环保责任、环保习惯、环保态度和参与行为都具有较好显著正相关性，其他人群公众各个变量的显著性较低或无正相关。在受教育程度方面，教育程度越高，环保责任、环保习惯、环保态度和参与行为显著正相关性越好；相对于小学及以下的人群公众而言，各个群体的环保责任与参与行为都较显著，研究生及以上人群表现最显著，且该类人群的环保参与习惯、参与态度和参与行为都具有显著正相关性。

表7-9　城市环境治理中公众参与行为影响因素回归结果

变量		环保责任		环保习惯		环保态度		参与行为	
		模型一	模型二	模型三	模型四	模型五	模型六	模型七	模型八
常数项		2.950 ***	1.795 ***	2.580 ***	1.052 ***	3.656 ***	1.454 ***	2.027 ***	0.309 ***
性别	男	-0.106 **	-0.023	-0.205 ***	-0.068 *	-0.268 ***	-0.065	-0.132 ***	-0.022
婚姻状况	未婚	-0.268	-0.232	-0.037	-0.001	0.254	0.303 *	-0.007	0.035
	已婚	-0.267	-0.236	-0.008	0.036	0.264	0.328 **	0.017	0.057
年龄	21~30岁	-0.227	-0.135	-0.11	-0.016	-0.094	0.037	-0.048	0.06
	31~40岁	-0.262 *	-0.108	-0.417 ***	-0.208 *	-0.458 ***	-0.156	-0.223 *	-0.03
	41~50岁	-0.386 **	-0.214	-0.462 ***	-0.234 **	-0.456 ***	-0.127	-0.400 ***	-0.186 *
	51~60岁	-0.233	-0.17	-0.224	-0.107	-0.119	0.055	0.002	0.088
	60岁及以上	0.206	0.081	0.563 *	0.374 **	0.463	0.187	0.417	0.256
受教育程度	初中	0.119	0.138	-0.286	-0.161	-0.583 **	-0.388	-0.072	-0.026
	高中/中专	0.372 *	0.311 *	-0.11	-0.108	-0.199	-0.183	0.143	0.086
	大学	0.354	0.164	0.122	-0.049	0.171	-0.063	0.293	0.074
	研究生及以上	0.422 *	0.157	0.326 *	0.028	0.554 **	0.131	0.463 **	0.145
职业	党政机关、事业单位	0.013	0.04	-0.135	-0.097	-0.093	-0.037	-0.06	-0.026
	企业（含国企）	0.106	-0.011	0.290 ***	0.099	0.475 ***	0.194 ***	0.147 **	-0.007
	社会团体、居/村委会	0.139	0.06	0.109	0.015	0.088	-0.047	0.200 **	0.104
	无单位/自雇	0.047	-0.09	0.315 ***	0.083	0.452 ***	0.111	0.163 *	-0.02
	学生	0.089	0.07	0.208	0.145	0.166	0.07	0.181	0.148
月收入	1281~3000元	0.007	0.158 *	-0.272 ***	0.007	-0.566 ***	-0.152 *	-0.174 *	0.032
	3001~6000元	0.237 **	0.329 ***	-0.032	0.133	-0.431 ***	-0.186 **	0.006	0.130 *
	6001~8000元	0.385 ***	0.421 ***	0.065	0.175 *	-0.341 **	-0.173 *	0.075	0.135
	8001~10000元	0.675 ***	0.540 ***	0.511 ***	0.362 ***	0.241	0.032	0.424 ***	0.263 ***
	10001元以上	0.319 **	0.326 **	-0.043	0.008	-0.184	-0.104	0.069	0.087

变量		环保责任		环保习惯		环保态度		参与行为	
		模型一	模型二	模型三	模型四	模型五	模型六	模型七	模型八
解释变量	参与意愿		0.204 ***		0.512 ***		0.775 ***		0.288 ***
	参与成本		0.288 ***		0.069 ***		0.051 *		0.589 ***
调整后 R^2		0.035	0.265	0.111	0.459	0.15	0.649	0.071	0.475
N		1573	1573	1573	1573	1573	1573	1573	1573

注：*、**、***分别表示为调整后的稳健标准误在10%、5%、1%的显著水平上显著。

第四节　研究结论及政策启示

本章以福建省福州、厦门和泉州三个生态城市1573份调查数据为例，运用 Stata12.0分析软件对公众环境行为影响因素进行多元线性回归分析。研究显示：第一，公众参与意愿对公众环保责任、环保习惯、环保态度和参与行为均呈显著正相关，影响系数分别为0.204、0.512、0.775和0.288。第二，公众参与成本对公众环保责任和参与行为同样呈显著正相关关系，影响系数分别为0.288和0.589；对环保习惯、环保态度的影响较小，影响系数分别为0.069、0.051。第三，参与意愿对社会公共领域的公众环保态度影响大于对公众私人领域的公众环保习惯影响；参与成本的影响刚好相反，并且影响系数都较小。第四，相对来说，公众收入越高、年龄越大、受教育程度越高，环保责任、环保习惯、环保态度和参与行为显著正相关性越好。

上述研究结论具有重要的政策含义。党的十九届四中全会精神提出构建国家治理体系和治理能力现代化。治理理念的不断深入促使公众环保参与意识与责任日益提高，公众认识到积极参与城市环境治理是建设美丽城市的关键。伴随城镇化进程，城市环境压力不断增强，公众与政府将共同成为城市环境治理的主体，在城市环境治理中将发挥极为关键的作用。公众是影响城市环境质量的重要因子，事实上公众意识也受到外界的影响及公众内化标准，公众环保素质的提升使得公众不断意识到环境治理主动参与的重要性和必要性。在集体行动中，公众属于理性人角色，考虑参与经济与社会效益的主流意识会约束、影响其行为，个人利益、参与成本是影响公众参与的重要因素，制度保障影响公众环境治理的公共选择行为（方亚琴，2019）。但是，从提高公众意识转变为公众积极参与实践需要多方共同努力发展，为提高公众的参与行为效益，使公众的态度与感受趋于理性与秩序，需要易被有序引导的感知动力（唐有财等，2017）。这种感知动力属于公共价值治理的范畴，不仅体现公众的理性思维，同时也来自于政府环境政策科学性、有效性的制定和实施，需要媒体和高效地积极宣传，需要政府构建更加广泛的公众参与渠道和机会等（甘彩云等，2017）。公共价值具有结果实现、信任与合法性、服务供给质量和效率等维度，突出体现治理主体的公共表达、客体的公共效用和导向的公益性等（施生旭等，2020）。

因此，为了促进公众参与城市环境治理，提高环境治理成效，本书提出三个方面的政策建议：首先，政府要基于公共价值治理理念，对社区环境治理的公众社会资本进行培育，有效提高城市环境治理公众参与意识和参与行为，提高公众参与环境治理的能动性与有效性。其次，构建政府动员公众有效参与环境治理的机制，完善环境治理宣传与教育体系，完善公众参与环境治理激励政策和环境治理法律法规，保障公众参与城市环境治理的积极性与持续性。最后，政府要加强环境制度体系的完善和环境治理制度的有效执行建设，以及利用科学技术助力城市环境治理公众参与的推广等方面，提高公众参与城市环境治理的执行力和行动力，从而推进城市环境治理体系与治理能力现代化的实现。

第八章 生态城市治理：
公众参与机制构建

第一节 生态城市治理公众参与机制的总体框架

生态城市的实现，包括了经济发展、政治生态、文化繁荣、社会和谐和环境优美各个方面的发展，还体现于这些领域的共同协同发展。根据新公共治理模式所倡导，政府应该建立与市场和社会公众群体的良性互动关系，生态城市治理则需要发动多个主体的良性互动关系，有效实现政府与非政府组织、企业、公众个人等权力主体与非权力等多元主体之间的合作治理。这些利益主体有的是为了公共价值和公共利益而参与生态城市的治理，有的是为了私人利益参与生态城市治理，但无论是从何种角度出发，从总体上都会促进生态城市的发展。本书从多方参与主体的必要性出发，提出具有问题导向的生态城市治理主体参与机制的总体框架，如图 8－1 所示。该机制总体框架包括一个目标、四条路径、六项机制内容。

一、公众参与生态城市治理的目标

1. 经济发展

生态城市的发展要追求城市经济生态目标。生态城市作为一个高级的发展阶段，经济发展要素包含了人力、资金、物质、技术、信息等内容，因此生态城市经济发展要舍弃传统的劳动力经济发展模式，不断向技术型与科技型等经济发展模式转变。其中，低碳经济、循环经济、绿色经济是该时期发展的趋势与导向，城市产业结构得到不断优化，信息产业、技术产业、人工智能产业等战略性新兴产业得以迅速发展，人类从追求经济发展速度向经济发展质量进行转变，构建一个持续、高效、协同的发展模式。构建多元主体参与生态城市治理机制就是为实现经济的可持续健康发展提供良好的基础。

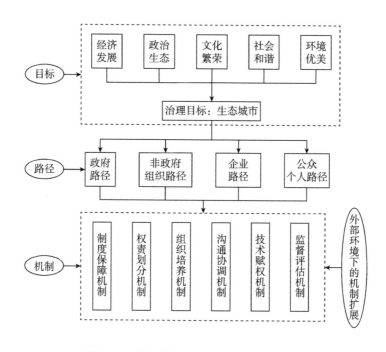

图 8 - 1　生态城市治理主体参与机制构架图

2. 政治生态

政治生态是指要摒弃封建落后思想，发扬优秀的中华传统文化，不断建设民主政治的现代化服务型政府。人民是国家的主人，政府是为公众服务的，公众参与国家的治理是公众具有权利性与义务性的统一体现。良好的政治生态，可以凝心聚力、鼓舞士气、激发斗志，推动生态城市经济社会等各方面的发展。围绕党的十九届四中全会精神，要不断推进健全党委领导下的生态城市治理体系，从全面从严治党新格局的要求出发，确实有效发挥党委领导的作用，构建良好的政治生态来促进生态城市治理。因此，构建多元主体参与生态城市治理机制就是为了实现政治生态，让每一位主体参与到生态城市治理中，实现自己的权利，为实现美好家园而共同努力奋斗。

3. 文化繁荣

文化繁荣指从人统治自然的工业文化过渡到人与自然和谐的现代文化，人在对资源环境进行合理摄取、利用和保护的过程中，实现人与自然、社会三者和谐相处，可持续发展的知识和经验等文化沉淀。文化底蕴是一座城市的灵魂，一个城市只有文化的繁荣才能让城市未来发展长久，生态城市更强调城市文化品质的发展。根据生态城市功能需求、经济发展产业布局和市民对美好生活的需求等，突出生态城市主题文化窗口效应，将产城融合、经济发展、文化繁荣等结合起来，重点承载商业、文化和产业功能，构建一体的城市综合体，打造生态城市高质量发展的新发展格局。多元参与也是多元文化的一种，参与生态城市的治理会使多元文化得到认同，使人民的思想更加开放，从而实现文化繁荣。

4. 社会和谐

社会是共同生活的个体通过各种各样的社会关系联合起来的集合。社会和谐包括人们安居乐业，城市宜居生活。党的十九届五中全会再次强调，"新型城镇化要以人为核心"。生态城市治理追求的社会和谐则不仅是工作上的和谐，还体现在人民的生活和谐，人与人之间、人与家庭之间、人与社会之间、家庭与家庭之间等和睦相处，广大民众在工作与生活的过程中不断追求自身价值，营造全社会和谐美满氛围。生态城市要具有鲜明的个性，需要实现生态城市规划综合化、功能多样化、生产智能化、管理数字化、环境园林化、活动休闲化，坚持新发展理念、着眼推动高质量发展，强调"推动绿色发展，促进人与自然和谐共生"，不断增强市民的生态城市获得感、幸福感和安全感。因此，各方面主体通过融入参与生态城市治理，协调各方利益，不断建设完善社会和谐的生态城市。

5. 环境优美

生态城市治理最狭义的理念就是建设美丽的生态环境。生态城市环境治理需要考虑到人对自然资源与环境资源等影响，需要考虑到环境的承载力与可持续性。现今，不同的城市提出了绿色城市、公园城市、森林城市、低碳城市、园林城市、柔性城市、生态园林城市与生态城市等建设目标，虽然各个提法不一致，其内涵与外延存在一定的区别，但是最根本的是要建设一个环境优美的生态城市。它既要有水清、天蓝、干净、整齐、绿色、安静等城市环境，还需要有健康稳定的自然环境系统，也需要有人与自然、人与社会和谐相处的社会风貌。当前，城市经济水平发展较好，市民对环境优美的目标提出新要求。因此，各个主体参与生态城市治理必须将环境优美作为其重要目标之一。

二、公众参与机制构建路径

1. 政府路径

政府在生态城市治理中扮演着非常重要的角色，不仅在生态城市治理中起到主导作用，还是生态城市治理的宏观调控者与主要责任者。政府通过国家的法律法规与行政等手段，不断协同与引导第三方组织、科研院所、媒体和广大民众在生态城市治理的积极性与能动性，构建生态城市治理多元参与机制，是对其他公众参与的引导者和其他利益博弈协调的调解者。政府需要发挥它自身的职能与职责，根据生态城市建设与管理的过程、目标、任务与方向等，帮助各利益主体在生态城市治理中合理定位自己的角色，在参与过程中发挥各自最大的作用。

2. 非政府组织路径

非政府组织又称非营利性组织，它与政府组织一样，是为公共利益服务的，但又与政府组织存在着差别，因为社会组织没有像政府那样具有强制性和与生俱来的权威，在参与的过程中也缺乏制度保证，它们的能力如何也需考量，因而其参与生态城市治理会面临很多问题。但是它也有与生俱来的优势，比如它相对于政府组织而言，参与生态城市治理过程中更具有灵活性，相对于市场企业和公众个人而言，在参与的过程中更加有序、有组织性，更加从大局出发。

3. 企业路径

企业作为城市生活中的一大利益主体，在生态城市治理中发挥着巨大的作用。虽然他们参与生态城市的治理绝大多数情况下是为了企业自身利益，但他们也有社会责任。他们参与的方式可能不会那么直接，但是影响力却很大，比如通过捐款、组织大型公益活动等方式来参与生态城市的治理。而且其参与生态城市的治理会更多地关注效率，而政府组织与非营利性组织会更多地关注公平，生态城市的治理需要注重公平、效率、效应与经济的统一。因此，企业路径能很好地弥补这一缺陷，使之发展更加协调。

4. 公众个人路径

公众是构成城市治理主体的基础，无论是政府组织、非政府组织还是企业，都是由人构成的，是它们生存与发展的基石。不管是哪一个组织的行动，都必须要有公众的积极配合才会实现预期目标。这些组织参与生态城市治理行动的目的是为城市居民服务，让他们拥有幸福美满的生活，得到居民的认同也是各组织参与建设的最大动力。虽然居民个人的力量比较弱小，但汇聚整个城市居民的力量却很强大，居民可以通过参与民主选举、政策制定、志愿者活动等来参与生态城市的治理，甚至是通过垃圾分类、绿色出行等一些小事都可以为生态城市治理做出巨大贡献。

第二节　公众参与机制构建的内容

一、制度保障机制

党的十九届四中全会提出"坚持和完善中国特色社会主义制度、推进国家治理体系和治理能力现代化"目标，制度保障机制是生态城市治理根本的保障。生态城市治理是一项常态化任务，需要有维持治理体系常态化的"稳定器"，制度体系对生态城市治理起到积极的保障作用。一般来说，相应的制度体系由法律法规、政策文件与管理办法等各项制度组成。根据委托代理理论，广大人民把权力委托给政府进行管理，作为政府就具备了相应的权力，通过制定和完善一系列法律法规、政策文件办法等相应制度体系来开展生态城市建设，并进行宏观战略规划指导，对其他非政府部门主体的角色与合法性进行确保，并运用各项制度来支持与促使各个主体参与生态城市治理，以确保引导协同各个参与主体有序有效参与。因此，健全完善制度体系为各参与主体发展创造更为有利的成长环境和发挥作用的空间，对非政府组织、企业、公众个人等参与主体规范自身参与行为起到制度保障机制作用。

二、权责划分机制

权责划分机制在参与生态城市治理中占着举足轻重的位置。有权必有责，不然权力就会被无限放大。构建生态城市治理中的公众参与机制，需要设计政府与非政府组织（含第三方组织、科研院所、媒体等）、企业、公众个人等之间的结构关系。政府可以通过相关法律制度等途径明确各参与主体的角色，通过宣传教育使各参与主体的角色地位得到认可。而其他参与主体应该确定自身在参与生态城市治理中的功能，要明确与其他参与主体之间关系。构建生态城市治理的公众参与机制，需要政府通过法律法规等途径，对生态城市治理多元化参与主体以法律的形式进行明确，并赋予相应的参与主体相应的权力，以及划分各个参与主体权力和责任界限，以防止参与主体为了谋求个人利益而滥用权力。政府的角色使之在权责划分机制中占主导地位，政府应当解放思想，要明确各参与主体之间的关系，尤其是与政府部门之间的关系，而其他参与主体应当在明确自身权责界限，在接受政府赋予权力的同时要利用其自身优势为生态城市治理服务，与此同时要保持自身独有的特点和原则，不能沦为政府的附属品。总体上，各个主体在生态城市治理中需要相互配合、互相合作、协同建设，其中政府作为社会资源的调控者与发展方向引领者，需要在生态城市治理中起主导作用，非政府组织、公众个人和市场企业作为生态城市治理中的参与主体，应主动结合自身实际寻求与其他参与主体的互动与配合，起到积极的能动性、配合性与促进性作用。

三、组织培养机制

各参与主体有了参与生态城市治理的权利，是否有意愿与能力参与是一大问题。各个主体有意愿并有能力参与才能担得起参与生态城市治理的重任，才能构建科学有效合理的生态城市治理体系。对政府部门而言，可以成立类似生态城市治理教育培训中心，对非政府组织人员、企业人员以及公众个人等给予相应的专业培训和指导，促进各参与主体积极地参与相关活动或者通过培训计划来提升参与生态城市治理的能力，可以通过给予资金、人才、技术等各方面要素支持促使各相关治理主体成立相应机构，以此融入生态城市公益或半公益建设。

四、沟通协商机制

在参与生态城市治理过程中，落实各利益主体的需求和协调各参与者关系是面临的问题，建立沟通协商机制的目的就是解决这些问题。根据委托代理理论，广大公众虽然把建设国家与社会的权力委托给政府，但是作为政府与相应的管理人员需要厘清自身的职能与职责，摒弃公共行政统治的思想，树立公共服务的理念，充分认识到政府部门与非政府部门、权力主体与非权力主体之间的平等协作关系，政府要尽可能地做好与非政府部门参与主体之间的沟通与交流。同时，为提高治理的针对性、广泛性、有效性与效益性，积极发挥政府部门参与主体在治理途径、手段、技术等各方面的沟通与协调。非政府组织作为连接公众与政府之间的桥梁，一方面要加强与公众之间的联系，另一方面也要将民众的需求及时地向政府反映。从公众个人层面来看，沟通协调就是要将自己的需求主动向政府以及非政府组织反映。而作为市场企业就是要通过参与生态城市治理与政府、非政府组织加强合作交流，利用市场机制解决政府和非政府组织无法解决的问题。

五、技术赋权机制

互联网大数据时代，信息呈几何式快速增长，在一定程度上又体现了信息不对称性。信息是生态城市建设中各个参与主体决定是否参与、如何参与、参与成本、参与效果等的重要依据，各个参与主体也是在信息的掌握情况基础上，进行博弈论证做出生态城市治理参与行为的决策与选择。生态城市治理是一个复杂的系统工程，其具备典型的公共事务性质，生态城市治理就涉及公共事务各个领域，信息量非常大，需要发挥各个主体的作用。技术治理应当凸显公众在治理活动中的主体性，有效发挥公众自身的能动性，技术赋权则是对生态城市治理各个主体借助数字技术的平台，促进公众利用技术力量积极参与各类公共事务活动，沟通交流、协商合作和有效参与到生态城市治理中。正视技术治理的局限，突破技术治理自我强化的逻辑闭环，有效发挥技术治理在生态城市的作用，做好配套制度设计的完善，为技术治理搭建完整、有效的制度框架体系。同时，参与主体对有效信息的掌握对生态城市治理成效起到保障作用，有助于各个参与主体围绕生态城市治理目标方向开展一致的行为，不断提高技术治理成效。

六、监督评估机制

参与生态城市治理主体众多，各主体代表的利益需求不同，面对自身利益，一些组织或个人难免会做出僭越的行为，因此建立监督评估机制不仅可以使决策满足绝大多数人的利益，还可以规范各参与主体的行为。在参与生态城市治理过程中，政府和非政府组织应当主动接受市场企业和公众的监督，因为这两个主体代表的是公共利益。而市场企业和公众个人在参与生态城市治理过程中并不是为所欲为的，也需要接受来自各方面的监督。除了监督外，各参与主体的行为还要接受评估，有评估才有进步，对做得好的地方要给予鼓励，对一些不成熟、有失欠妥的地方要加以改正，这样生态城市才会进一步发展。在生态城市治理政策尚不成熟的时期，可能出现生态城市治理政策的形式主义，未能有效协调好短期、长期之间的矛盾而产生尚未形成系统的发展框架，或硬性规定导致生态城市治理政策执行偏差等相关问题，亟须构建相对成熟的监督评估机制，调整相关政策，确保生态城市治理政策的科学制定、有效执行和治理成效。

第九章 生态城市治理：
路径转型与策略选择

近些年，随着我国经济社会不断发展，生态城市治理取得显著成效。但是，一些地方在推进新型城镇化进程中没能很好贯彻落实绿色发展理念，导致一些城市的发展缺乏绿色底蕴。比如，一些地方的城镇化规划缺乏长远性、系统性和生态性，生产空间、生活空间、生态空间布局不够科学合理，有的地方存在边建设边规划的现象，导致环境破坏、资源浪费、生态脆弱。又如，有的地方没有把推进新型城镇化同完善生态治理体系很好结合起来，经济发展方式仍然比较粗放，存在城镇化建设与生态治理"两张皮"现象。当前，以绿色高质量发展理念推进生态城市治理，促进人与自然和谐共生，应着重加强生态建设宣传教育，充分发挥多元化参与作用，协调生态城市治理中生产、生活与生态空间的规划与建设，不断推进产业结构优化，开展低碳循环经济与绿色经济建设，提升生态城市治理的宜居性与可持续性。

第一节 政治领域方面

一、增强政府生态责任和职能建设，创新生态治理机制

政府在生态城市治理中应该以公共价值理念作为指导，加强生态意识与责任

建设，不断创造生态城市公共价值。目前，部分地方政府迫于经济增长的压力，面对经济效益、社会效益、环境效益的矛盾时，往往以经济增长目标作为主要的政绩追求，过度开发使用资源环境，以环境为代价换取短暂的经济利益，生态遭到严重破坏，为了促进区域经济、社会与生态文明等可持续健康发展，政府应该改变过去以经济发展政绩为主的考评标准，构建适合我国国情和地方可持续发展的生态绩效评估和考核机制。针对农产品主产区、重点生态功能区等县市，政府应继续推进政府绩效考评改革与创新工作，以政府生态治理绩效考评代替 GDP 绩效考评，提升生态环境问题处置与应对能力，对领导干部实行自然资源资产离任审计，构建生态治理责任制与问责制，不断健全政府管理部门与相关公务人员生态治理绩效考核评价体系。相关政府在制定生态城市治理政策与措施时，要把生态城市治理与经济社会发展等协同起来，把生态文明建设理念纳入政府的各项工作，按照治理体系和治理能力现代化要求，遵循生态经济科学规律，政府通过税收、补贴、排污权交易等经济杠杆进行调节，建立良性的经济运行机制，不断创新与完善生态治理机制。

二、注重生态修复，建立生态补偿机制

生态城市治理应坚持保护优先和自然恢复为主，实施重大生态修复工程，继续推进退耕还林还草工程，建立生态补偿机制；加强重点生态功能区的保护和管理、征收流域生态补偿税，培育发展森林生态效益补偿多元化融资渠道和建立"生态税"制度；加强生态补偿科学研究与试点工作。处理好生态补偿中的中央与地方关系、政府与市场关系、生态补偿与扶贫关系、"造血"补偿与"输血"补偿的关系、综合平台与部门平台的关系。推行严格的生态环境保护制度，加强生态文明考核评价机制、资源有偿使用制度、资源环境产权交易机制等相关制度。利用好城镇化发展评价体系，并纳入政府绩效考核机制中，同时制定出资源消耗、环境损害、生态效益等具体因子的评价指标体系。

第二节 经济领域方面

一、推动高新技术产业变革，实现生态创新驱动发展

生态城市治理的推进离不开经济发展，离不开先进与创新的科学技术。在大力推动科技进步和创新发展过程中，可从以下三个方面着手：首先，积极运用高新技术改造和提高传统产业，大力培养绿色制造产业，通过引进、吸收、接纳高新技术，促进更多的节能、节水、节材等高新产业兴起；其次，国家大力支持和实施科技攻关，培养一批具有全国先进科技水平和拥有自主知识产权的科技成果，在水资源循环利用、环境污染整治、可再生资源开发、低碳环保产业开展等方面加强研究；最后，进一步整合科技资源，完善我国的创新服务体系，大力创建科技创新平台。在高新特色产业基地、科研院所、企业研究中心、科技服务中心、技术转移机构等方面提供更多的平台，同时建立社会化的服务网络体系，围绕生态园林城市治理、生态省创建等主题，建立推广示范基地，加强科技中介服务体系，培养和发展面向全国的优质服务平台。

二、推进产业结构优化升级，实现低碳循环经济发展

调整和健全产业结构是促进社会创新、经济进步、生态改良的重要保障。在促进生态文明建设的过程中，产业结构的优化起着重要作用。所谓的产业结构优化，主要目标是实现资源的最大节约、优化各种生产要素的投入比例和投入方式，使生产方式由粗放型向资源节约型发展，走新型的工业化道路，严格控制高消耗、高污染的产业，形成以农业为基础、高新技术产业为先导、基础产业和制造业为支撑、服务业全面发展的产业格局，积极发展低碳经济和循环经济等，最终实现经济效益、社会效益、生态效益的有机统一。现今，我国仍然存在资源严重浪费，以牺牲环境为代价换取经济增长的现象。新时期，要基于生态、绿色发展理念，充分利用市场机制和经济杠杆的作用，利用价格、税收、金融等手段促

进资源的有效利用，健全资源有偿使用与补偿机制，完善资源综合利用和变废为宝的税收优惠政策，将经济系统和谐地融入生态系统的物资和能力循环中，进一步优化产业结构，大力发展循环和低碳经济产业。推进生态城市治理，关键是要转变经济发展方式，绝不能以牺牲环境为代价换取一时的经济增长。要结合供给侧结构性改革与产业结构优化，大力扶持发展高新技术、人工智能等低碳循环经济产业，改变传统的粗放型经济发展方式，不断向技术创新型经济发展方式转变，真正实现区域经济发展与生态环境建设相协调的发展模式，实现经济社会可持续健康发展。在推进生态城市治理进程中，有条件的地方可以重点发展生态环保产业、高新技术产业、优势服务业、创意文化产业、现代农业、休闲旅游业等。传统产业要积极引进绿色科技、发展绿色生产，为社会提供更多的生态环保型产品和服务。

第三节 文化领域方面

一、提升公众生态意识，营造生态城市治理良好氛围

人类的生态意识是生态城市治理的重要支撑点，只有不断提升人类生态文明意识，促使人们把生态保护转变为自身的自愿行为，才能从根本上促进生态城市治理。提高公众生态意识，可从以下几个方面着手：首先，要从牢固树立生态文明理念、加强生态治理宣传教育入手，构建完善的宣传教育体系，从而提升人们的生态意识。应在领导干部中加强宣传教育，引导领导干部深刻认识到生态城市治理必须把宜居性作为重要的目标方向，把绿色发展理念作为生态城市治理的重要思路，科学合理规划城市生产、生活与生态空间，创造人与人、人与自然、人与社会之间和谐相处的美丽社区。其次，进一步扩大生态文明的宣传力度。广泛开展生态文明的科普活动，运用各种媒体（如报刊、网络、电视等）大力宣传绿色消费、生态人居环境等相关知识，进一步扩大生态文明和环境保护的宣传力度，使人们进一步了解人与自然和谐相处的重要性，引导人们转变自身的习惯和

行动，激起公众强烈保护生态环境的意愿。最后，健全生态环境保护的奖惩制度。从涉及公众切身利益的小事着手，逐步健全生态环境保护的奖惩制度，积极鼓励维护环境的群众和团体，并加大对环境破坏的恶劣行为惩罚，以文明、健康、科学的生活方式主导社会氛围，使生态文明意识深入人心，为生态城市治理营造良好的社会氛围，最终达到人与自然的和谐、有序发展。

二、构建公众绿色消费模式，倡导健康绿色生活方式

绿色消费模式是以确保满足生态城市治理为出发点，是以有益健康和保护生态环境为基本内涵的各种消费行为和消费方式的统称。其涉及面比较广泛，涉及经济、文化、政治等各个领域，要求我们在消费过程中既满足当代人的需求，又不损害后代发展的需求。绿色消费是一种新型与健康的消费模式，是寻求人与自然的和谐，有利于形成生产、生活和消费的良性循环。随着经济发展，人们的生活水平不断提升，但也随之出现一些不合理的消费理念和消费习惯，在很大程度上影响了生态城市治理成效。因此，必须构建和谐的绿色消费模式，反对不合理的消费观念，抵制不健康、不文明的生活方式，以有效推进生态城市治理。

三、塑造生态城市文化精神，增强公众认同感

生态城市精神是一个城市的灵魂，是一座城市基本特征的体现，它有凝聚人心、展示城市形象的作用。如厦门公众中有不少来自外来人口的城市，塑造生态城市精神显得尤为重要。要塑造生态文明的城市精神，引导企业和居民自觉树立绿色生态的生产、生活和消费方式，不仅可以在相关电视、报纸、电台等媒体上积极与广泛地宣传生态城市治理等知识，还可以在社区、公共汽车、动车与公路沿线等广告平台开展生态城市治理知识普及，把生态教育与新型城镇化协同教育融入校园教育体系与活动中，通过高校开设相关课程与专题等教育带动家庭、社区教育，实现生态文明与城市治理的统一，建设生态型城市社区。通过宣传、教育等方式增强公众对生态城市文化精神的认同感，有利于提高公众参与生态治理的积极性，增强居民共同参与生态城市治理的意识。

第四节　法律领域方面

一、健全生态法律制度，推进生态城市治理法治化

生态城市治理需要有效发挥政府职能责任作用和公众的积极参与作用，需要以法治思想来进一步推动生态城市治理，以法制规范约束社会行为，以法制为保障促进生态城市健康发展。在现阶段，尤其要做好以下两个方面工作：第一，完善公众参与制度建设，提升公众参与水平。广泛听取群众的心声，收集群众的意见，满足公众对环境的基本诉求，实现生态城市治理的民主化、科学化和法治化。公众参与重点可从以下两个方面着手：一方面是建立信息公开化制度，通过建立有效的网络信息传播制度，将生态治理的相关信息及时传递给公众，保障公众的信息知情权；另一方面是建立城市生态文明破坏和环境污染事件举报制度，鼓励公众对生态城市治理事件的监督和参与，保障公众的监督权。第二，建立健全资源有偿使用制度与生态环境补偿机制，以法治思想推动实现生态公平治理。在生态城市治理中不仅需要加强对环境的保护力度，还需要对破坏环境的对象实行责任追究制度。对于破坏环境的行为主体收取一定的费用，作为弥补生态城市治理中环境损害的相应费用，如在实践中应进一步实现排污交易权的推广，进一步提升社会成本企业化、环境污染内部化。党的十七大提出建立主体功能区的战略构想，将主体功能区划分为优化开发、重点开发、限制开发和禁止开发四大块。根据不同主体功能区的特征，相关政府应尽快构建生态补偿范围、补偿主体、补偿对象、补偿方式等补偿标准体系，坚持公平合理与责权利统一等原则，对不同功能区采取相应的生态资源保护、开发与治理的政策，真正实现生态资源与经济社会协调统一发展，促进经济社会可持续健康快速发展。

二、完善公众环境公益诉讼权，提高公众参与合法性

"环境权"越来越成为一个普及的概念，70多个国家或地区都将它写入法律

中。"环境权"是人人都享有的权利，是环境诉讼的基础。随着生态资源环境遭到破坏，良好的环境已成为稀缺产品，保护环境、维护社会公共产品人人有责，有权举报任何不利于生态城市治理的行为。在我国，公众环境公益诉讼权受到限制，公众只能对影响自身合法生态权益的事件提起诉讼，而对于影响社会公共权益的事件无权提起诉讼。完善公众的环境公益诉讼权，扩大公众的环境诉讼范围，明确规定诉讼程序，有助于充分发挥公众在生态城市治理中的监督主体作用，为公众的参与提供法律依据，是提高公众参与的有效途径。通过公众诉讼的建立，可以将普通的举报程序和严格的诉讼程序紧密结合，有效地强化了公众参与生态城市治理环境监督的法律制度。环境公益诉讼的合法化，既有利于监督生态城市治理过程中相关主体的行为，及时制止不合理行为，也有利于监督生态城市治理过程的履职情况，防止职能缺失，还能够有效激发公众的参与热情，保障参与权益。任何权益的有效实施都需要相关法律制度的保障，公众环境诉讼权的保护，需要相关行政机关、执法机关在行使职责过程中予以重视和确保。不断完善公众环境诉讼权，提高私权对公权的制约能力，是生态城市治理过程中的重要任务。

第五节　社会领域方面

一、完善公众参与生态城市治理机制，充分发挥多元治理作用

生态城市治理是一个复杂的系统工程，涉及面广，不仅需要政府部门不断更新理念、创新思路、优化职能，而且需要广大公众积极参与，充分发挥多元主体的作用，集聚促进生态城市治理的正能量。需要构建广泛的社会公众参与生态城市治理机制，充分发挥多元主体参与治理的作用，尤其要充分发挥高校与科研单位等专家在环境资源保护、生态治理、空间布局规划、历史古迹保护、产业升级转移等领域的智库建设参与作用。在产业结构调整优化、循环经济建设、环境保护与污染防治等与广大群众密切相关领域加强治理，通过多种途径了解人民群众

关注的热点、难点问题，把公众合理建议提交有关部门办理并给予及时有效
回复。

二、创新参与方式，拓宽公众参与渠道

当前公众参与程度不足，其中一个重要因素就是当前公众参与的方式和渠道
单一。实现生态城市治理中的公众有效参与，创新参与方式、畅通参与渠道是关
键。公众参与的形式主要有提（议）案式、咨询调研式、信访式、活动式、媒
体式、窗口式等。人大代表、政协委员等代表民意的群体，在向政府反映提出议
案前应广泛收集民众的意见，应如实反映民众关于生态城市治理的相关意见；听
证会、座谈会等民主会议是公众参与建设、表达利益诉求的重要形式，举办时应
广泛宣传，鼓励各行业、各领域的相关专家、学者、其他公众的参与，听取社会
各界的建议；健全、鼓励环保公益组织等的发展，发挥其在环境保护过程中的作
用，通过开展各类活动普及生态环境知识，为公众参与提供组织保障；微博、微
信等新兴传媒作为公众获取信息的便捷途径，是公众参与监督的重要途径，应促
进新兴媒体参与的合法化；政府在生态城市治理过程中，应借助网络环境及时向
社会公布建设信息，搭建政民互动的网络平台，听取公众意见、收集公众建议。
同时，在生态城市治理过程中，还应丰富其他辅助渠道，改变公众被动参与的局
面，实现决策过程中的公众民主参与，提高决策的科学性。落实公众参与活动，
创新公众参与形式，实现政治、经济、文化、社会等领域的公众全面参与，使公
众参与不流于形式，发挥实效作用。

三、健全信息公开制度，增强生态环境信息透明度

生态城市环境信息是公众参与的重要前提条件，公众掌握的信息量直接影响
到其参与生态城市治理的程度。以法律的形式对政府和企业公开生态环境信息的
义务做出明确规定，对信息的公开种类、公开程度、公开量、公开途径等都应做
出详细规定。明确划分信息公开的范围，对有权不予以公开的信息应详细制定可
供衡量的标准。应最大限度无保留地借助报纸、电视、广播等媒体途径，采取短
信、微博、微信、专题报道等形式向社会公众公开环境影响的相关信息，严禁以
任何形式的借口隐瞒信息。同时，公众应有向政府、企业申请公开信息，并得到

反馈的权利，法律应保障公众的此类权利。此外，惩罚是制止违规的重要手段，应对相关主体的信息公开效果进行监督，问责失职部门，严惩违规企业。惩罚的手段应能够起到警示的效果，不论是政府部门还是企业都应从不合法的信息公开行为中得到相应程度的责罚。完善相应的信息公开条例，最大限度地提高信息的透明度，是保障公众参与的有效途径之一。

第六节　科技领域方面

一、推进生态技术产学研合作，实现生态城市治理创新效应

科学技术创新对降低资源消耗、改善生态环境、建设美丽城市具有长远与积极的意义。协同创新是以高校、企业与研究机构等为核心要素的新型组织方式。各地高校与科研机构等掌握着最新的生态技术及相应的高端人才，政府相关部门可以推进高校、科研机构与企业之间的合作，加强相关组织在生态城市治理技术、人才、产品与市场等之间的协调创新，促进生态技术研究成果转移转化，推进循环经济、低碳经济及产业的快速发展。加强生态产业技术高端人才培养与引进，推进创新驱动发展。建设生态城市是一场涉及价值观念、空间格局、生产方式、生活方式以及发展格局的全方位系统工程，需要科技创新的助力。科技创新在发展循环经济、绿色产业、低碳技术与经济发展方式转变等起到关键支撑作用，是生态城市治理的重要动力。由于历史问题，我国各城市教育水平发展不平衡，尤其是中西部地区生态产业技术高端人才相对比较落后，未能适应当地生态产业的协同发展。高校、企业等相关部门不仅要大力引进生态产业技术高端优秀与领军人才，更重要的是调整当地高校及研究所专业结构，大力发展海洋科学等生态新兴产业与主导产业，大力培养博士、博士后等生态产业技术高端人才，提升自主创新能力，实现创新驱动发展，更快更好地实现生态城市治理战略目标。

二、注重信息技术发展，建设智慧生态城市

生态城市治理也体现在智慧城市的建设，智慧城市是信息技术的创新与应用，是以物联网为核心的新一代信息技术对城市自然、经济、社会系统进行智能化改造的结果。互联网大数据技术的快速发展，为智慧城市建设提供了基础与条件。新时期，信息技术的不断创新与发展，人工智能、信息产业等战略性新兴产业的发展，为智慧城市建设提供了发展空间，也成为生态城市治理创新发展的孵化中心。智慧城市的发展能为公众的生活带来很多便利，比如厦门市基于科技信息技术实施的"智慧交通云"服务，对厦门的交通管理系统与市民出行提供信息服务，如市面实时路况、道路施工与交通管制、公共交通工具路线及动态信息等。各地市也可以借鉴厦门这一经验，智慧城市的体现并不仅仅体现在这一方面，诸如智慧环保、远程教育、远程政务、电子办公等方面通过信息技术支撑不断创新法治。因此，生态城市治理成效的提升要注重信息技术的发展。

综上，生态城市治理要遵循公共价值治理理念，采取新公共治理模式，强调治理主体的多元化，不断突出人的作用，实现城市经济建设、政治建设、文化建设、社会建设、生态文明建设协调可持续发展，以提升生态城市的文化与公共服务等内涵，实现生态城市治理制度体系的构建。首先，生态城市治理是一个系统工程，需要科学的生态空间规划治理，从城市功能定位、文化特色、建设管理等多种因素来制定，需要政府以外的各类治理主体参与。其次，生态城市治理需要注重生产、生活与生态三大布局的协调，提升生态城市的宜居性与可持续，需要按照绿色高质量发展的理念进行治理。最后，生态城市治理需要注重文化与科技内涵，提升生态城市的特色与魅力，需要突出人的生态理念。因此，生态城市治理的"着落点"为生态治理。习近平新时代中国特色社会主义思想、党的十八大提出"五位一体"国家发展战略理念等精神、党的十九大提出"加快生态文明体制改革，建设美丽中国"、党的十九届四中全会提出"坚持和完善中国特色社会主义制度、推进国家治理体系和治理能力现代化"和党的十九届五中全会提出"推动绿色发展，人与自然和谐共生"，为生态城市治理顶层设计奠定了思想与理论基础。新时期，我国生态城市治理可以从生态经济、生态社会、生态制

度、生态文化与生态环境等方面着手，以此构建我国生态城市可持续健康发展路径。在推进生态城市治理过程中，各级政府应该创新理念、提高认识，树立生态城市治理规划与发展战略眼光，把绿色发展理念融入生态城市治理协同建设，在各项建设规划和部署上既要从现实出发，更要从长远发展角度考虑，把经济利益与生态效益、社会效益等协调统一设计，不断提升生态城市治理成效，建设美丽城市、美丽中国。

参考文献

［1］ Ajzen I, Fishbein M. Understanding Attitudes and Predicting Social Behavior ［J］. An Illustration of Applied Social Research, 1980 (4): 112 –131.

［2］ Andy S, Paul J. Accounting for Sustainability: Combining Qualitative and Quantitative Research in Developing "Indicators" of Sustainability ［J］. International Journal of Social Research Methodology, 2010, 13 (1): 41 –53.

［3］ Arnstein S R. A Ladder of Citizen Participation ［J］. Journal of the American Institute of Planners, 1969 (35): 216 –224.

［4］ A. Kaklauskas E K, Zavadskas A, Radzeviciene I, et al. Quality of city life multiple criteria analysis ［J］. Cities, 2018, 72.

［5］ Bamberg S, Moser G. Twenty Years after Hines, Hungerford & Tomera: A New Meta – analysis of Psycho – Social Determinants of Proenvironmental Behaviour ［J］. Journal of Environmental Psychology, 2007, 27 (1): 14 –25.

［6］ Bulte E H, Damania R, Deacon R T. Resource Intensity, Institutions, and Development ［J］. World Development, 2005, 33 (7): 1029 –1044.

［7］ Carmi N, Arnon S, Orion N. Seeing the Forest as Well as the Trees: General VS. Specific Predictors of Environmental Behavior ［J］. Environmental Education Research, 2015, 21 (7): 1011 –1028.

［8］ Cottrell S P. Influence of Sociodemographics and Environmental Attitudes on General Responsible Environmental Behavior Among Recreational Boaters ［J］. Environment and Behavior, 2003, 35 (3): 347 –375.

[9] Coyle K. Environmental Literacy in America: What Ten Years of NEETF/Roper Research and Related Studies Say about Environmental Literacy in the US [M]. National Environmental Education & Training Foundation, 2005.

[10] Davidson D J, Freudenburg W R. Gender and Environmental Risk Concerns A Review and Analysis of Available Research [J]. Environment and Behavior, 1996, 28 (3): 28 – 302.

[11] Davis F D, Bagozzi R P, Warshaw P R. Extrinsic and Intrinsic Motivation to use Computers in the Workplace [J]. Journal of Applied Social Psychology, 1992, 22 (12): 1111 – 1132.

[12] Diemer, Blustein, et al. Constructions of Work: The View from Urban Youth [J]. Journal of Counseling Psychology, 2004, 51 (3): 275 – 286.

[13] Digby C L B. The Influences of Socio – Demographic Factors, and Non – Formal and Informal Learning Participation on Adult Environmental Behaviors [J]. International Electronic Journal of Environmental Education, 2013, 3 (1): 37.

[14] Edward R. Carr, Philip M. Wingard, Sara C. Yorty, et al. Applying DPSIR to sustainable development [J]. International Journal of Sustainable Development & World Ecology, 2007, 14 (6): 543 – 555.

[15] Feder M, Bennett A, Burggren W, et al. New Directions in Ecological Physiology [J]. Quarterly Review of Biology, 1989, 24 (7): 1349 – 1351.

[16] Foman R T T. Applying Landscape Ecology in Biological Conservation [M]. Springer, 2002.

[17] Guagnano G A, Stern P C, Dietz T. Influences on Attitude – behavior Relationships: A Natural Experiment with Curbside Recycling [J]. Environment and Behavior, 1995, 27 (5): 699 – 718.

[18] Han H S. Travelers' Pro – environmental Behavior in a Green Lodging Context: Converging Value – Belief – Norm Theory and the Theory of Planned Behavior [J]. Tourism Management, 2015 (47): 164 – 177.

[19] Hines J M, Hungerford H R, Tomera A N. Analysis and Synthesis of Research on Responsible Environmental Behavior: A Meta – analysis [J]. The Journal of

Environmental Education, 1987, 18 (2): 1 – 8.

[20] Hungerford H R, Peyton R B, Tomera A N, et al. Investigating and Evaluating Environmental Issues and Actions Skill Development Modules [M] . Illinois: Stipes Publishing Company, 1985.

[21] Hungerford, David S. Disorders of the Patellofemoral Joint [M] . Williams & Wilkins, 1990, 25 (2): 388 – 388

[22] Hwang C L, Yoon K. Multiple Attribute Decision Making: Methods and Applications [M] . Springer – Verlag, New York, 1981.

[23] Ian L, McHarg. Design with Nature [M] . New York: John Wiley & Sons Inc, 1995.

[24] Jong M D, Joss S, Schraven D, et al. Sustainable – smart – resilient – low carbon – eco – knowledge cities; Making Sense of a Multitude of Concepts Promoting Sustainable Urbanization [J] . Journal of Cleaner Production, 2015, 109: 25 – 38.

[25] Kaiser F G, Gutscher H. The Proposition of a General Version of the Theory of Planned Behavior: Predicting Ecological Behavior [J] . Journal of Applied Social Psychology, 2003, 33 (3): 586 – 603.

[26] Kianpour K, Jusoh A, Mardani A, et al. Factors Influencing Consumers' Intention to Return the End of Life Electronic Products through Reverse Supply Chain Management for Reuse, Repair and Recycling [J] . Sustainability, 2017, 9 (9): 1657.

[27] Kline S J, Rosenberg N. An Overview of Innovation [M] . Studies On Science And The Innovation Process: Selected Works of Nathan Rosenberg, 1986.

[28] Leeuw A D, Valois P, Ajzen I, et al. Using the Theory of Planned Behavior to Identify Key Beliefs Underlying Pro – environmental Behavior in High – School Students: Implications for Educational Interventions [J] . Journal of Environmental Psychology, 2015, 42: 128 – 138.

[29] Marcinkowski T J. An Analysis of Correlates and Predictor of Responsible Environmental Behavior [D] . South Illionois Unviversityat Carbondale, 1988.

[30] Norio O. Sasutainabltty Check System on Ecological City [J] . Current Bi-

ology Cb, 2001, 11 (19): 1553 –1558.

[31] Oreg S, Katz – Gerro T. Predicting Proenvironmental Behavior Cross – Nationally: Values, the Theory of Planned Behavior, and Value – Belief – Norm Theory [J]. Environment and Behavior, 2006, 38 (4): 462 –483.

[32] Paolo S. Arcology: The City in the Image of Man [M]. Cambridge: M. I. T. Press, 1969.

[33] Pincet F, Rawicz W, Perez E, et al. Electrostatic Nanotitration of Weak Biochemical Bonds [J]. Phys. rev. lett, 1997, 79 (10): 1949 –1952.

[34] Riper C J V, Kyle G T. Understanding the Internal Processes of Behavioral Engagement in a National Park: A Latent Variable Path Analysis of the Value – Belief – Norm Theory [J]. Journal of Environmental Psychology, 2014, 38 (3): 288 –297.

[35] Sert O, Kabalak M. Sert O, Kabalak M. Faunistic, Ecological and Zoogeographical Evaluations on the Click – Beetles (Coleoptera: Elateridae) of Middle Part of the Black Sea Region of Turkey [J]. Annales de la Société entomologique de France 47 (3 –4). Annales – Societe Entomologique de France, 2011, 47 (3 –4): 501 –509.

[36] Shi S X, Tong P S. Evaluation System and Spatial Distribution Pattern of Ecological City Construction—Based on DPSIR – TOPSIS Model [J]. Applied Ecology and Environmental Research, 2019, 17 (1): 601 –616.

[37] Shi S X. Performance Evaluation of Urban Ecological Environment Construction with Interval – valued Intuitionistic Fuzzy Information [J]. Journal of Intelligent & Fuzzy Systems, 2017, 32 (1): 1119 –1127.

[38] Sia A P, Hungerford H R, Tomera A N, et al. Selected Predictors of Responsible Environmental Behavior: An Analysis [J]. The Journal of Environmental Education, 1986, 17 (2): 31 –40.

[39] Stephen P. Osborne. The New Public Governance? [M]. London: Routledge, 2006, 8 (3): 377 –387.

[40] Stern P C. Toward a Coherent Theory of Environmentally Significant Behavior [J]. Journal of Social Issues, 2000, 56 (3): 407 –424.

［41］Taylor S, Todd P A. Understanding Information Technology Usage：A Test of Competing Models［J］. Information System Research, 1995, 6 (2)：144 –176.

［42］The World Bank. China 2030：Building a Modern, Harmonious, and Creative High –Income Society［J］. Chinas Foreign Trade, 2012, 91 (7)：36 –37.

［43］Wafaa B, Nicole G, Claudiane O P, et al. The Ecological Footprint of Mediterranean cities：Environmental Science and Policy［J］.2017, 69：94 –104.

［44］Yanitsky O. Towards an Eco –city：Problems of Integrating Knowledge with Practice［J］. International Social Science Journal, 1982, 34 (3)：469 –480.

［45］Zebardast L, Salehi E, Afrasiabi H. Application of DPSIR Framework for Integrated Environmental Assessment of Urban Areas：A Case Study of Tehran［J］. International Journal of Environmental Research, 2015, 9 (2)：445 –456.

［46］白杨，黄宇驰，王敏，等. 我国生态文明建设及其评估体系研究进展［J］. 生态学报, 2011, 31 (20)：6295 –6304.

［47］包景岭，张涛，孙贻超，等. 践行生态文明 建设美丽城市［J］. 环境科学与管理, 2013, 38 (11)：186 –190.

［48］蔡书凯，胡应得. 美丽中国视阈下的生态城市建设研究［J］. 当代经济管理, 2014, 36 (3)：77 –82.

［49］曹新. 推进国家治理体系亟须加快三大体制改革步伐［N］. 中国经济时报, 2014 –05 –20 (006).

［50］陈桂生. 环境治理悖论中的地方政府与公民社会：一个智猪博弈的模型［J］. 四川大学学报（哲学社会科学版), 2019 (2)：85 –93.

［51］陈玲玲，冯年华，潘鸿雷. 新型城镇化发展背景下南京生态城市建设进展及对策［J］. 生态经济, 2015, 31 (5)：175 –178 +190.

［52］陈伟东. 社区行动者逻辑：破解社区治理难题［J］. 政治学研究, 2018 (1)：103 –106.

［53］陈振明，薛澜. 中国公共管理理论研究的重点领域和主题［J］. 中国社会科学, 2007 (3)：140 –152 +206.

［54］程悦. 个体参与生态文明建设的有效组织化研究——以湖州生态文明先行示范区建设为例［J］. 林业经济, 2019 (6)：20 –24.

［55］初钊鹏，刘昌新，朱婧．基于集体行动逻辑的京津冀雾霾合作治理演化博弈分析［J］．中国人口·资源与环境，2017（9）：56－65.

［56］党文琦，奇斯·阿茨．从环境抗议到公民环境治理：西方环境政治学发展与研究综述［J］．国外社会科学，2016（6）：133－141.

［57］邓雅丹，葛道顺．社会心理视角下的社区参与［J］．甘肃社会科学，2020（3）：108－114.

［58］董新宇，杨立波．环境决策中政府行为对公众参与的影响研究——基于西安市的实证分析［J］．公共管理学报，2018（1）：33－45＋155.

［59］杜宇，刘俊昌．生态文明建设评价指标体系研究［J］．科学管理研究，2009，27（3）：60－63.

［60］方亚琴，夏建中．社区治理中的社会资本培育［J］．中国社会科学，2019（7）：64－84＋205－206.

［61］甘彩云，施生旭．基于"五位一体"的厦门城市生态文明建设及对策分析［J］．中南林业科技大学学报（社会科学版），2017，11（2）：7－11.

［62］甘彩云，施生旭．生态城市治理评价体系构建及实证分析［J］．林业经济，2017（8）：64－70.

［63］高卫星．论地方政府公信力的流失与重塑［J］．中国行政管理，2005（7）：62－65.

［64］戈特曼，曹忠信，侯军．论特大城市［J］．国外社会科学文摘，1987（10）：15＋36－38.

［65］龚文娟．中国城市居民环境友好行为之性别差异分析［J］．妇女研究论丛，2008（6）：11－17.

［66］关海玲，陈建成，曹文．碳排放与城市化关系的实证［J］．中国人口·资源与环境，2013，23（4）：111－116.

［67］韩少秀，张丰羽．城市治理研究综述及其引申［J］．改革，2017（9）：129－140.

［68］何福平．我国建设生态文明的理论依据与路径选择［J］．中共福建省委党校学报，2010（1）：62－66.

［69］何明俊．关于城市进化的一般理论［J］．城市问题，1993（1）：17－21.

［70］贺爱忠，唐宇，戴志利．城市居民环保行为的内在机理［J］．城市问题，2012（1）：53 – 60.

［71］洪大用，肖晨阳．环境关心的性别差异分析［J］．社会学研究，2007（2）：111 – 135 + 244.

［72］洪大用．中国城市居民的环境意识［J］．江苏社会科学，2005（1）：127 – 132.

［73］侯爱敏，袁中金．国外生态城市建设成功经验［J］．城市发展研究，2006，13（3）：1 – 5.

［74］侯汉坡，刘春成，孙梦水．城市系统理论：基于复杂适应系统的认识［J］．管理世界，2013（5）：182 – 183.

［75］黄新华，林迪芬．改革开放以来中国公共政策研究的知识图谱：基于Cite Space软件的可视化分析［J］．厦门大学学报（哲学社会科学版），2019（1）：19 – 30.

［76］黄肇义，杨东援．国内外生态城市理论研究综述［J］．城市规划，2001，25（1）：59 – 66.

［77］贾妍，于楠楠．我国生态城市建设的时空演化路径及其发展模式［J］．哈尔滨工程大学学报，2017，38（2）：324 – 330.

［78］姜仁良．低碳经济视阈下天津城市生态环境治理路径研究［D］．北京：中国地质大学，2012.

［79］蒋艳灵，刘春腊，周长青，等．中国生态城市理论研究现状与实践问题思考［J］．地理研究，2015，34（12）：2222 – 2237.

［80］蓝庆新，陈超凡．新型城镇化推动产业结构升级了吗？——基于中国省级面板数据的空间计量研究［J］．财经研究，2013，39（12）：57 – 71.

［81］李春海．新型农业社会化服务体系框架及其运行机理［J］．改革，2011（10）：79 – 84.

［82］李建中，刘显敏．大数据的一个重要方面：数据可用性［J］．计算机研究与发展，2013，50（6）：1147 – 1162.

［83］李林．关于环保行为的若干理论探讨［J］．福建论坛（人文社会科学版），2006（3）：132 – 134.

［84］梁文森．生态文明指标体系问题［J］．经济学家，2009（3）：102－104.

［85］林红．社会治理体系视角下台湾地区生态文明建设的经验与启示［J］．中共福建省委党校学报，2014（9）：53－59.

［86］蔺雪春．全球环境治理机制与中国的参与［J］．国际论坛，2006（2）：39－43＋80.

［87］刘辉．环境友好行为：基于分类基础上的几点思考［J］．黑河学刊，2005（4）：132－125.

［88］刘佳坤，吝涛，等．中国快速城镇化地区生态城市建设问题与经验——以厦门市为例［J］．中国科学院大学学报，2020，37（4）：473－482.

［89］马海韵，华笑．当前我国公民有序参与城市治理的困境及消解［J］．江西财经大学学报，2016（2）：107－113.

［90］曼瑟尔·奥尔森．集体行动的逻辑［M］．陈郁，郭宇峰，李崇新，等译．上海：上海格致出版社，上海人民出版社，1995.

［91］毛启蒙．海峡两岸公众环境意识的比较研究及其启示［J］．北京社会科学，2014（5）：11－20.

［92］宓泽锋，曾刚，尚勇敏，等．中国省域生态文明建设评价方法及空间格局演变［J］．经济地理，2016，36（4）：15－21.

［93］聂伟．公众环境关心的城乡差异与分解［J］．中国地质大学学报（社会科学版），2014（1）：62－70.

［94］牛晓东．社会组织参与城市治理机制研究［D］．天津：天津大学，2015.

［95］欧阳斌，袁正，陈静思．我国城市居民环境意识、环保行为测量及影响因素分析［J］．经济地理，2015，35（11）：179－183.

［96］彭远春．城市居民环境行为的结构制约［J］．社会学评论，2013（4）：29－41.

［97］仇保兴．城市规划学新理性主义思想初探——复杂自适应系统（CAS）视角［J］．城市发展研究，2017，24（1）：1－8.

［98］仇保兴．复杂科学与城市规划变革［J］．城市规划，2009（4）：11－26.

［99］仇保兴．简论我国健康城镇化的几类底线［J］．城市规划，2014，38

（1）：9－15.

［100］仇保兴. 我国绿色建筑发展和建筑节能的形势与任务［J］. 城市发展研究，2012，19（5）：1－7＋11.

［101］沈清基，安超，刘昌寿. 低碳生态城市的内涵、特征及规划建设的基本原理探讨［J］. 城市规划学刊，2010（5）：48－57.

［102］沈清基. 论基于生态文明的新型城镇化［J］. 城市规划学刊，2013（1）：29－36.

［103］施生旭，陈爱丽. 我国生态文明建设中的公众参与问题研究［J］. 林业经济，2016（3）：25－29.

［104］施生旭，陈琪. 基于 DPSIR 模型的福建省生态文明建设评价研究［J］. 福建农林大学学报（哲学社会科学版），2015，18（5）：45－51.

［105］施生旭，甘彩云. 环保工作满意度、环境知识与公众环保行为——基于 CGSS2013 数据分析［J］. 软科学，2017（11）：88－92.

［106］施生旭，甘彩云. 基于 PSR 模型的生态文明建设评价研究［J］. 林业经济，2016（8）：3－8.

［107］施生旭，童佩珊. 基于 Cite Space 的城市群生态安全研究发展态势分析［J］. 生态学报，2018，38（22）：8234－8246.

［108］施生旭，童佩珊. 中国各地区产业结构优化评价及障碍因素研究——基于 DPSIR－TOPSIS 模型［J］. 河北经贸大学学报，2020，41（2）：54－64.

［109］施生旭，游忠湖. 国内公共价值研究的特征述评与趋势：基于 CSSCI（2000－2019）文献计量分析［J］. 学习论坛，2020（7）：75－81.

［110］施生旭，郑逸芳. 福建省生态文明建设构建路径与评价体系研究［J］. 福建论坛（人文社会科学版），2014（8）：157－163.

［111］施生旭. 参与意愿、参与成本与城市环境治理——基于福建省 1573 份调查数据［J］. 林业经济，2020，42（11）：26－35.

［112］施生旭. 加强生态城镇治理完善生态文明制度体系建设［N］. 福建日报（求是版），2020－04－20（010）.

［113］施生旭. 生态文明先行示范区建设的水平评价与改进对策——福建省的案例研究［J］. 东南学术，2015（5）：67－73.

［114］施生旭．以绿色发展理念推进新型城镇化［N］．人民日报（理论版），2018－4－24（007）．

［115］时立荣，常亮，闫昊．对环境行为的阶层差异分析——基于2010年中国综合社会调查的实证分析［J］．上海行政学院学报，2016（6）：78－89.

［116］束洪福．论生态文明建设的意义与对策［J］．中国特色社会主义研究，2008（4）：54－57.

［117］宋妍，张明．公众认知与环境治理：中国实现绿色发展的路径探析［J］．中国人口·资源与环境，2018（8）：161－168.

［118］孙柏瑛．我国公民有序参与：语境、分歧与共识［J］．中国人民大学学报，2009（1）：65－71.

［119］孙岩，宋金波．城市居民环境行为影响因素的实证研究［J］．管理学报，2012（1）：144－150.

［120］唐有财，王天夫．社区认同、骨干动员和组织赋权：社区参与式治理的实现路径［J］．中国行政管理，2017（2）：73－78.

［121］童燕齐．环境意识与环境保护政策的取向——对中国六城市政府官员和企业主管的调查［M］．北京：华夏出版社，2002.

［122］万军，李新，吴舜泽，等．美丽城市内涵与美丽杭州建设战略研究［J］．环境科学与管理，2013（10）：1－6.

［123］王芳，邓玲．从自治到共治：城市社区环境治理的实践逻辑——基于上海M社区的实践经验分析［J］．北京行政学院学报，2018（6）：34－41.

［124］王凤．公众参与环保行为影响因素的实证研究［J］．中国人口·资源与环境，2008，18（6）：30－35.

［125］王强，黄鹄．基于DPSIR模型的农业产业化可持续发展评价研究（英文）［J］．亚洲农业研究：英文版，2009（6）：29－33.

［126］王珊．借鉴台湾地区环保经验 加强生态文明建设［J］．中央社会主义学院学报，2013（3）：34－37.

［127］王胜本，刘旭东，黄秀江，等．生态城市目标下城市生态治理的选择与实践［J］．河北经贸大学学报，2012，33（5）：94－97.

［128］王晓楠．公众环境治理参与行为的多层分析［J］．北京理工大学学

报（社会科学版），2018（5）：37 – 45.

［129］王薪喜，钟杨．中国城市居民环境行为影响因素研究——基于2013年全国民调数据的实证分析［J］．上海交通大学学报（哲学社会科学版），2016（1）：69 – 80.

［130］文宗川，胡靓．基于分工理论的生态城市演进研究［J］．内蒙古财经学院学报，2010（2）：31 – 34.

［131］文宗川，张璐．生态化视角下城市技术创新体系的演化研究［J］．大连理工大学学报（社会科学版），2011，32（2）：1 – 6.

［132］吴明隆．结构方程模型：AMOS 的操作与应用（第2版）［M］．重庆：重庆大学出版社，2017.

［133］吴胜，王彩云．非政府组织参与生态城市治理：契机、价值和模式创新［J］．社会科学论坛，2015（1）：238 – 243.

［134］吴颖婕．中国生态城市评价指标体系研究［J］．生态经济，2012（12）：52 – 56.

［135］夏晓丽，蔡伟红．城市社区治理中公民参与能力建设的调查与思考——基于 L 市社区的问卷调查［J］．中南大学学报（社会科学版），2017，23（01）：124 – 129.

［136］谢立黎，陈民强．个人—环境匹配视角下城市老年人参与社区治理的影响因素——基于北京市的调查［J］．人口研究，2020（3）：71 – 84.

［137］辛自强．社会治理中的心理学问题［J］．心理科学进展，2018（1）：1 – 13.

［138］邢朝国，时立荣．环境态度的阶层差异——基于2005年中国综合社会调查的实证分析［J］．西北师范大学学报（社会科学版），2012（1）：6 – 13.

［139］熊曦．基于 DPSIR 模型的国家级生态文明先行示范区生态文明建设分析评价——以湘江源头为例［J］．生态学报，2020，40（14）：5081 – 5091.

［140］徐丽婷，姚士谋，陈爽，徐羽．高质量发展下的生态城市评价——以长江三角洲城市群为例［J］．地理科学，2019，39（8）：1228 – 1237.

［141］徐林，凌卯亮，卢昱杰．城市居民垃圾分类的影响因素研究［J］．公共管理学报，2017（1）：142 – 153 + 160.

［142］严耕，林震，吴明红．中国省域生态文明建设的进展与评价［J］．中国行政管理，2013（10）：7 – 12.

［143］杨宏山．生态城市建设离不开治理创新［J］．人民论坛，2017（6）：129.

［144］杨继学，杨磊．论城镇化推进中的生态文明建设［J］．河北师范大学学报（哲学社会科学版），2011，34（6）：152 – 156.

［145］杨开忠，杨咏，陈洁．生态足迹分析理论与方法［J］．地球科学进展，2000（6）：630 – 636.

［146］杨伟民．大力推进生态文明建设［N］．人民日报，2012 – 12 – 12（006）．

［147］姚士谋，张平宇，余成，等．中国新型城镇化理论与实践问题［J］．地理科学，2014，6（6）：641 – 647.

［148］叶大凤．论公共政策执行过程中的公民参与［J］．北京大学学报（哲学社会科学版），2016（S1）：64 – 69.

［149］叶谦吉，范大路，谢代银．人·自然·社会［J］．中国生态农业学报，1998，6（3）：13 – 16.

［150］易平涛，李雪，周莹，李伟伟．生态城市评价指标的筛选模型及应用［J］．东北大学学报（自然科学版），2017，38（8）：1211 – 1216.

［151］于立，曹曦东．城市环境治理理论研究及对中国城市发展适用性的思考［J］．城市发展研究，2019（4）：110 – 116 + 124.

［152］余建辉，张文忠，王岱，等．资源枯竭城市转型成效测度研究［J］．资源科学，2013，35（9）：1812 – 1820.

［153］俞可平．推进国家治理体系和治理能力现代化［J］．前线，2014（1）：5 – 8 + 13.

［154］郁建兴，黄飚．"整体智治"：公共治理创新与信息技术革命互动融合［N］．光明日报，2020 – 6 – 12（11）．

［155］约翰·克莱顿·托马斯．公共决策中的公民参与［M］．孙柏瑛译．北京：中国人民大学出版社，2001.

［156］岳世平．厦门经济特区推进美丽厦门建设取得的成就与做法［J］．

厦门特区党校学报，2015（4）：5-10.

［157］曾婧婧，胡锦绣．中国公众环境参与的影响因子研究——基于中国省级面板数据的实证分析［J］．中国人口·资源与环境，2015（12）：62-69.

［158］詹国彬，陈健鹏．走向环境治理的多元共治模式：现实挑战与路径选择［J］．政治学研究，2020（2）：65-75+127.

［159］张福德．环境治理的社会规范路径［J］．中国人口·资源与环境，2016（1）：10-18.

［160］张航，邢敏慧．信任合作还是规范约束：谁更影响公众参与环境治理？［J］．农林经济管理学报，2020（2）：252-260.

［161］张紧跟．公民参与地方治理的制度优化［J］．政治学研究，2017（6）：91-102+128.

［162］张康之．论集体行动中的价值、规则与规范［J］．天津行政学院学报，2014，16（4）：3-11+2.

［163］张萍，晋英杰．我国城乡居民的环境友好行为及其综合影响机制分析——基于2013年中国综合社会调查数据［J］．社会建设，2015（4）：16-25.

［164］张首先．生态文明：内涵、结构及基本特性［J］．山西师大学报（社会科学版），2010，37（1）：26-29.

［165］张友浪．公共服务中的公民参与［J］．公共管理评论，2020（2）：149-159.

［166］赵国杰，郝文升．低碳生态城市：三维目标综合评价方法研究［J］．城市发展研究，2011，18（6）：31-36.

［167］赵国杰，王海峰．低碳生态城市生成过程研究［J］．河北经贸大学学报，2015，36（6）：77-81.

［168］赵卉卉，王远，王义琛等．南京市公众环境意识总体评价与影响因素分析［J］．长江流域资源与环境.2012（4）：406-411.

［169］赵宇峰，林尚立．国家制度与国家治理：中国的逻辑［J］．中国行政管理，2015（5）：6-11.

［170］郑思齐，万广华，孙伟增，罗党论．公众诉求与城市环境治理［J］．管理世界，2013（6）：72-84.

[171] 周长城，徐鹏．"新绿色革命"与城市治理体系的创新——丹麦可持续发展经验对中国的启示 [J]．人民论坛·学术前沿，2014（22）：74-83.

[172] 周利敏，姬磊磊．生态城市：雾霾灾害治理的政策选择——基于国际案例的研究 [J]．同济大学学报（社会科学版），2020，31（1）：60-69.

[173] 周晓丽．论社会公众参与生态环境治理的问题与对策 [J]．中国行政管理，2019（12）：148-150.

[174] 朱玉林，何冰妮，李佳．我国产业集群生态化的路径与模式研究 [J]．经济问题，2007（4）：48-50.

[175] 竺乾威．新公共治理：新的治理模式？[J]．中国行政管理，2016（7）：132-139.

后 记

  这本书是在我的厦门大学博士后报告的基础上修改而成，毋庸讳言，我非常感谢我的合作导师陈振明教授。当我向陈老师提交做他公共管理博士后申请时，一直惴惴不安。因为，我之前的学习经历都没有与公共管理领域相关，研究基础很薄弱，怕无法得到陈老师的同意，也怕未来学习工作让陈老师失望。庆幸，陈老师接受了我的博士后申请，让我开启了人生的新旅程。正如我答辩时，我跟各位答辩专家所表达的第一句："我衷心地感谢厦门大学为我提供的博士后研究平台和陈老师对我的指导与帮助。"感谢厦门大学公共事务学院、公共政策研究院的每一位老师的指导和帮助。时光荏苒，从2014年9月3日博士后报到至今已经六年多了，我很庆幸能有在厦门大学学习与成长的经历，这将让我终身受益。

  感谢我工作的福建农林大学公共管理学院各位领导同事，在我博士后研究期间给我减压分担工作，为我的研究创造尽可能的支持。感谢我指导的各位研究生，他们不断地给自己学习施压和追求学习进步，还协助整理相关数据，为本书顺利出版提供了积极有益的帮助。感谢经济管理出版社的何蒂主任，对我的拖沓总是耐心以待，对本书的出版给予各方面帮助。

  感谢一切关心与支持、帮助我的所有人。本书的出版只是我研究工作的一个阶段性总结，还存在很多不足，恳请各位专家学者批评指正。

  最后，感谢家人对我研究工作给予的鼓励与支持，此书献给我深爱的两位宝贝孩子。

施生旭
2020 年 11 月 30 日于福建农林大学东苑